中国自然科学博物馆协会

成立30周年丛书

（1980–2010）

走进科学技术馆

徐延豪◎主编

北京科学技术出版社

图书在版编目（CIP）数据

走进科学技术馆 / 徐延豪主编 .—北京：北京科学技术出版社，2010.12
（中国自然科学博物馆协会成立 30 周年丛书）
ISBN 978-7-5304-4941-7

Ⅰ. ①走… Ⅱ. ①徐… Ⅲ. ①科学馆 – 简介 – 中国
Ⅳ. ① G322.2

中国版本图书馆 CIP 数据核字（2010）第 222666 号

走进科学技术馆

主　　编： 徐延豪
责任编辑： 王云飞
责任校对： 黄立辉
封面设计： 樊润琴
图文制作： 华鲁印联（北京）科贸有限公司
出 版 人： 张敬德
出版发行： 北京科学技术出版社
社　　址： 北京西直门南大街 16 号
邮政编码： 100035
电话传真： 0086-10-66161951（总编室）
0086-10-66113227（发行部）0086-10-66161952（发行部传真）
电子信箱： bjkjpress@163.com
网　　址： www.bkjpress.com
经　　销： 新华书店
印　　刷： 北京宝隆世纪印刷有限公司
开　　本： 889mm × 1194mm　1/16
字　　数： 470 千
印　　张： 14.5
版　　次： 2010 年 12 月第 1 版
印　　次： 2010 年 12 月第 1 次印刷
ISBN 978-7-5304-4941-7/N · 141
广告经营许可证号： 京西工商广字第 8084 号（1-1）

定　　价：75.00 元

编 委 会

总　序

在中国自然科学博物馆协会成立30周年之际，最有意义的庆典活动莫过于让协会的全体成员进一步面向社会，使越来越多的公众能够了解并走进各类自然科学博物馆。这就是我们策划这套丛书的本意。

1980年，沐浴着改革开放的春风，中国自然科学博物馆协会应运而生，成为新中国成立以后我国博物馆序列中最早依法登记的全国性的并具有学术性、科普性和公益性的法人社会团体。

中国自然科学博物馆协会诞生于一个伟大的时代，其生命的延续和发展也必然体现在服务于这个时代的事业之中。从事这种服务的主体是协会中的每一座场馆，它们的存在远早于协会的成立，如1905年成立的南通博物苑、1916年建起的国家地质博物馆，它们从建馆开始就融入了我国的科技事业，并为之作出了卓越的贡献。今天，当人类步入21世纪的时候，我国各类自然科学博物馆与时俱进、快速发展，展现出了崭新的面貌。

依据协会的几大组成部分，我们编写出版了包括《走进自然历史博物馆》、《走进科学技术馆》、《走进天文馆》、《走进专业科技博物馆》、《走进地质博物馆》、《走进水族馆》、《走进自然保护区》7册图书的系列丛书，每册独立成章，描述了我国不同类别自然科学博物馆的概况和基本内涵。

我们的初衷是让广大读者得到一套（或一本）有益的工具类图书，并从中受到有关科普知识的教育。遗憾的是，由于编写时间仓促、水平有限，本套图书还存在许多不尽完美之处。如协会有的专业委员会成立时间很短，发展的会员有限，而这类博物馆又恰处当代快速发展的领域，收入图书里的相关内容难免出现挂一漏十或漏百等问题。这些只能在今后的修订本中补正了。

借此，衷心感谢为编写这套丛书付出辛劳与智慧的全体同事！感谢各级领导部门、业内的各位同仁和广大公众对我国自然科学博物馆事业一如既往的支持和关爱，也感谢相关企业对出版本套丛书给予的赞助！

徐善衍

2010年11月18日

前　言

在纪念中国自然博物馆协会成立30周年之际，《走进科学技术馆》的出版意义重大，这不但可以让公众更多、更系统地了解科技馆，也可以让科技馆同仁们在埋头工作，不断探索前行时也回头看看我们走过的路，以使下一步我们走得更坚实，更辉煌。

回顾科技馆事业30年的风风雨雨，我们不能忘记敬爱的小平同志，他开创了改革开放的伟大事业，成就了“科学的春天”，圈定建立了中国第一个科技馆，并为中国科学技术馆亲笔题名；我们不能忘记关心科技馆事业的各级党政负责同志，是他们在财政还不十分宽裕的情况下，拨巨资建设科技馆，才使得我国省、市、县级科技馆达到240多座，大型、特大型科技馆达到40多座；我们不能忘记那些为支持科技馆建设奔走呼吁、奉献才智的科学家们，他们是科技馆事业最有力的支持者，最积极的参与者；我们更不能忘记全国的同行们，一代代科技馆人本着对科技馆事业的挚爱和忠诚，克服了多少艰难困苦，奉献了多少辛勤和智慧才使得一座座科技馆在大江南北、长城内外拔地而起，成为公众了解科学，启迪智慧的乐园。

科学技术馆，不仅是科学的殿堂，更是学科学的园地，在那里深奥的科学原理不再难懂，复杂的科学过程可以体验再现，走进去会让你流连忘返。此书的出版，将有助于扩大科技馆的社会影响，让更多的人走进科技馆、体验科技馆的现代魅力！

徐延豪

2010年11月

目　录

中国科学技术馆

场馆概述

中国科学技术馆是我国唯一的国家级综合性科技馆，是实施科教兴国战略和人才强国战略、提高全民科学素质的大型科普基础设施。

中国科学技术馆的主要教育形式为展览教育，通过科学性、知识性、趣味性相结合的展览内容和参与互动的形式，反映科学原理及技术应用，鼓励公众动手探索实践，不仅普及科学知识，而且注重培养观众的科学思想、科学方法和科学精神。

在开展展览教育的同时，中国科学技术馆还经常性地组织各种科普实践和培训实验活动，让观众通过亲身参与，加深对科学的理解和感悟，在潜移默化中提高自身科学素质。

中国科学技术馆

◎ 地理位置

中国科学技术馆新馆位于北京奥林匹克公园中心区，西邻奥运水系，南依奥运主体育场，北望森林公园，占地4.8万平方米，建筑规模10.2万平方米，是奥林匹克公园中心区体现“绿色奥运、科技奥运、人文奥运”三大理念的重要组成部分。

◎ 建筑特点

新馆建筑为一体积较大的单体正方形，外形设计为若干个积木般的块体相互咬合，使整个建筑呈现出一个巨大的“鲁班锁”，又像一个“魔方”，蕴含着“解锁”、“探秘”的寓意。

◎ 展厅巡礼

以“体验科学，启迪创新，服务大众，促进和谐”为建馆理念的中国科学技术馆新馆，在工程建设和内容建设的全过程中始终贯穿科学发展观的主线，注重“世界眼光，中国特色”。新馆设有“科学乐园”、“华夏之光”、“探索与发现”、“科技与生活”、“挑战与未来”五大主题展厅，公共空间展示区及球幕影院、巨幕影院、动感影院、4D影院4个特效影院。此外，新馆设有多种实验室、科普报告厅及多功能厅。

科技与生活主题展厅

◎ 华夏之光

“华夏之光”主题展厅展示中国古代的探索与发现及华夏科技与世界科技文明的相互融合，反映科学技术对中华民族繁衍生息、中国社会发展和世界文明进步的重要作用，展现中华民族优秀的科技文化和创新传统，让观众在世界科技发展的宏观视角下感怀中华民族的伟大智慧与创造。

农业水力驱动机械

◎ 科学乐园

“科学乐园”主题展厅以3～10岁儿童易于理解的方式，采用以游戏化互动参与为主的多样化展教形式，营造轻松、快乐的学习情境，让儿童在展览和游戏中体验探索的乐趣，激发好奇心，培养对科学的热爱。

◎ 探索与发现

“探索与发现”主题展厅通过使观众感受人类探索自然过程中史诗般的震撼，启迪科学精神、思想和方法；通过使观众融入科学实践的体验之中，享受探索过程的快乐和启发。

◎ 科技与生活

“科技与生活”主题展厅根据社会关注和人类关心的科技与生活内容，从百姓生活的重要方面，配合以多样化、情境化、互动化、艺术化的展览形式，展示科技发展对人类社会日益广泛和深刻的影响，传播科技以人为本的观念，使观众感受科技创新为人类带来的福祉和恩惠。同时，关注科技发展给社会生活带来的一些问题以及解决这些问题的努力，让观众在参观和体验中切身感受到科学技术在人类社会生活中的价值和地位。

◎ 挑战与未来

“挑战与未来”主题展厅主要展示人类面临的重大问题与挑战、科技创新对可持续发展的贡献和人类对未来生活的畅想，使观众认识到创新是人类应对未来挑战的重大选择，引导观众对未来科技发展问题的关注和思考。

◎ 公共空间

公共空间展示内容分布于新馆各层公共区域，围绕“创新之美、和谐之美”的展示主题，营造轻松愉悦的科技文化氛围，使观众在美的环境中感受科技的魅力，增加科技的亲和力。

东大厅

特效影院

特效影视利用现代电影科技手段，使观众产生身临其境之感，在体验各类影视特效刺激的同时，领略人与自然之美。中国科技馆共有动感影院、4D影院、巨幕影院和环球影院四个特效影院。

动感影院

◎ 动感影院

动感影院由三组动感基座船舱式座椅平台组成，双机同时放映，可容纳60名观众。

巨幕影院

◎ 巨幕影院

中国科技馆新馆巨幕影院是世界上最先进的影院之一，也是目前世界最大的巨幕影院。银幕宽29.58米、高22米，可容纳632名观众。

◎ 4D影院

4D影院采用4D特效高清数字立体电影播放系统与杜比5.1声道数字环绕音响，可容纳198名观众。

◎ 球幕影院

中国科技馆球幕影院是世界上最大的球幕影院之一。影院既能放映球幕电影，又能演示天象节目，可容纳462名观众。

球幕影院

基本信息

地　　址：北京市朝阳区北辰东路5号
邮　　编：100012
电　　话：59041000
网　　站：www.cstm.org.cn
开馆时间：9:00～16:30（周一闭馆）

China Science and Technology Museum

As the only national museum of science and technology in this country, China Science and Technology Museum is a large-scale institution for public science education with the mandate of implementing the national strategies of revitalizing china through science and education, strengthening the nation with talents, and promoting the Chinese people's scientific literacy.

With exhibition education as its main form of education and through hands-on exhibition contents that combine science with knowledge and interesting, China Science and Technology Museum presents scientific principles and their applications, encourages the public to learn in doing and through exploration and practice. This way, the museum not only popularizes scientific knowledge, but also accentuates the cultivation of visitors' scientific thinking, scientific methods and scientific spirit.

While engaging in exhibition education, China Science and Technology Museum also organizes on regular basis various kinds of popular science workshops, training programs and experiments, so that visitors can deepen their understanding and comprehension of science through personal participation, and as a result, enhance their own scientific literacy in a subtle way.

Located within the common domain of the Beijing Olympic Green, China Science and Technology Museum borders the olympic water system in the west, is adjacent to the National Stadium (better known as the Bird's Nest in the south), and faces the Forest Park in the north; it covers a land area of 48,000 sqm and has a construction floorage of 102,000 sqm. In essence, the museum constitutes an important component of the common domain of the Beijing Olympic Green, which embodies the concepts of "green Olympics, high-tech Olympics and humanistic Olympics".

With "facilitating science experience, inspiring innovation, serving the general public and promoting harmony" as its founding philosophy, China Science and Technology Museum carried out the construction and content development of its new premises in line with the mainline of the scientific outlook of development in the entire process, emphasizing "global vision and Chinese characteristics". The new museum features five theme exhibition galleries, namely, "Science Paradise", "The Glory of China", "Exploration and Discovery", "Sci-Tech and Life" and "Challenges and the Future"; it also has several public space display areas, a dome-screen theater, a giant screen theater, a motion theater and a 4D theater. In addition, the new museum boasts a variety of laboratories, a popular science lecture hall and a multifunctional hall.

A gigantic single construction project, the contour of this cubic-shaped architecture of the new museum is composed of a number of interlocking building blocks, making the whole structure seems to be a huge Lu Ban Lock as well as a magic cube, symbolizing "unlocking" and "exploration".

Add: 5 Beichen East Road, Chaoyang District, Beijing, 100012 P.R. China.
Tel: 86-10 5904 1000
Fax: 86-10 5904 1022
web: www.cstm.org.cn
Opening time: 9:00–16:30

天津科学技术馆

场馆概述

天津科学技术馆是天津市委、市政府在“八五”期间投资兴建的大型科普公益设施，坐落在天津市文化中心区域内。该馆始建于1992年，1994年9月一期工程竣工，1995年元旦正式向社会开放，占地3万平方米，建筑面积2.1万平方米。已故国际数学大师陈省身教授曾任名誉馆长，是全国科普教育基地、全国爱国主义教育基地、全国青少年科技教育基地和国家AAA级旅游景区。该馆的主体是一个桥形建筑，圆形的宇宙剧场建在主体建筑的上方，象征着跨世纪的桥梁托起明天的太阳。天津科技馆的建成和开放在我国科技馆界起到了积极的引领和示范作用。开馆16年来，共接待包括30多位党和国家领导人在内的近500万海内外观众，举办大型主题科普活动100多项，放映科教电影和天文节目万余场。

天津科学技术馆外景图

展厅规模

天津科技馆常设展厅1万平方米，是科技馆的主体部分，大空间构造，分为上、下两层，按不同学科分为天地万象、力学世界、交通与航天、磁电奥秘、数学厅、人体与健康、机械与机器人等13个展区，共有300多件(套)展品，其中80%的展品可动手参与操作。为更好地发挥科普场馆公益性基础设施的作用，常设展厅从2008年9月20日开始向社会免费开放，开创了全国科技馆界面向所有公众免费开放的先河。

常设展厅一楼全景

特色影院

主体建筑上方的球形建筑为宇宙剧场，直径23米，可同时容纳235人同时观影。装备有美国Iwerks公司的8片孔70毫米穹幕电影放映系统和美国E&S公司的DigistarII电子天象仪，可放映科学教育影片和各种天象节目。

科普活动

天津科学技术馆从丰富展教内容、改变展教形式和提高服务质量入手，以软件建设提升展示效果，为展教活动增添亮点。从2006年开始相继推出了内容丰富、形式新颖的科普表演系列活动；在科技周、科普日活动中，主动走出去把科学表演和手偶剧送到学校和社区；针对公众关注的科技热点开展各种形式的主题活动，主要包括利用主题展厅，坚持每年举办4～5次公益性科普展览；常年举办“科技名人话科技热点”科普报告会；举办特色鲜明的科普夏令营活动等。同时，作为全国首批试点单位的“科技馆活动进校园”活动也取得了较好的成绩。同时还通过印发科普读本、出版科普书籍、创办《天津科技传播》内部刊物、开展科普特色旅游、进行网上科普宣传等多种形式向广大公众普及科学知识，收到了很好的效果。

观众正在兴致勃勃地观看机器狗的表演

场馆特色

天津科技馆的数学展区独具特色。2002年，在陈省身教授的倡导下，建成了数学厅，并在北京举办的第24届世界数学家大会召开之际对外展出，数学厅向观众展示了数学发展的历史和成果，通过生动的展品将抽象的数学公式和原理形象地向观众进行了展示。新颖奇妙的数学展品充分地体现了数学之美。该展区的展示内容和形式受到国内外知名数学家和广大观众的好评。

该馆的动手动脑园区深受少年儿童的喜爱，TTS、石膏彩绘、造纸、陶艺和趣味化学试验等项目培养和激发了孩子们的观察力、想象力、创造力和动手动脑能力，成为孩子们的益智乐园。

天文科普是天津科技馆的特色活动之一，依靠天文科普专家和自身的创作队伍，多年来编辑制作了多套天文节目和科普书籍，开展了丰富多彩的天文科普活动和培训活动，满足了天文爱好者的需求。

2002年建成的数学厅一角

发展历程

天津科技馆始终坚持以提升公众科学素质为己任，把弘扬科学精神、普及科学知识、传播科学思想和科学方法作为工作目标，坚持以展教为中心，以公众为核心的办馆宗旨，为天津市科普工作的开展和公众科学素质的提升作出了应有的贡献。开馆十几年来，天津科技馆注重与国内外同行的交流，积极参加各种学术交流活动，虚心学习先进的科学教育理念，不断提高展教水平和管理水平，培养出一支比较专业的展教队伍和研发队伍。同时，还十分注重营造馆内的学术氛围和文化氛围。从2007年开始，坚持每年召开一次学术年会，培养员工的理论水平和敬业精神。天津科技馆有自己的馆歌、馆旗和馆徽。经过多年实践，制定出一套行之有效的管理规章制度。

近年来，该馆对展厅环境和陈旧展品进行更新改造，不断增加创新性展品。2002～2006年，相继改造扩建了“数学厅”、“人体与健康”和“机械与机器人”三个展区。从2007年开始，在市科委的资助下，进行了为期三年的高水平科普展项的研制。通过改造，提升了整体展教能力，受到了广大公众的欢迎。

目前，天津科技馆正利用天津市文化中心建设的有利时机，在有关部门的支持下，正在对常设展厅、系统设施和建筑外檐等进行较大规模的更新改造。同时，积极争取把科技馆新馆建设纳入到天津市“十二五”规划中。届时，一座全新的天津科技馆将展现在公众面前。

基本信息

地　　址：天津市河西区隆昌路94号
邮　　编：300201
电　　话：022-28323705 / 28320315
传　　真：022-28322425
网　　址：www.tjstm.org（或www.tjstm.cn）
开馆时间：9:00～16:30（周一、二闭馆，节假日照常开放）
穹幕电影放映时间：10:40,15:30（团体包场提前预约）

Tianjin Science and Technology Museum

Tianjin Science and Technology Museum is located in the southwest of Tianjin. It was built in 1992 and opened to the public on the New Year's Day of 1995. Covering an area of 30,000 square meters and an architectural area of 21,000 square meters, the museum has an exhibition of 10,000 square meters. The big global object above the main building is the Space Theatre.

The exhibition hall consists of two floors with over 300 exhibits that are divided into 13 different sections according to the branches of knowledge. The mathematics section is a distinctive part in the museum. In the advocating of Prof. Shiing-Shen Chern, this section was opened to the public at the time of Beijing 24th International Congress of Mathematicians in 2002. Another characteristic activity is astronomical science popularization. Depending on their experts and developing team, they have made many programs. They have been insisting on holding different scientific activities and training classes on astronomy for many years.

The Space Theater is the place to watch dome screen film and astronomical program. It was equipped with 870 dome screen film projector and Digistar II planetarium projector.

Insisting on taking the development tenet of exhibition education as center and visitor as core, Tianjin science and technology museum fully develops the function as science and education site. Up to now, it has received about 5,000,000 visitors, showed nearly 10,000 movies and astronomical programs and held more than 100 large scientific activities. With its special structure in shape and remarkable educational function, it has been a famous tourism site and a recreation place in Tianjin.

Address: No.94 Longchang Rd. Hexi District, Tianjin 300201 P.R.China
Phone: 86-22-28323705 / 28320315
Fax: 86-22-28322425
Web: http://www.tjstm.org (or www.tjstm.cn)
Opening time: 9:00-16:30 (Closed on Monday and Tuesday except holidays)
Dome film showing: 10:40, 15:30(Groups need book in advance)

河北省科学技术馆

场馆概述

河北省科学技术馆外景

河北省科学技术馆位于石家庄市中心，旧馆于1987年落成，新馆于2006年开馆，建筑面积共计3万平方米。新馆开馆以来，共接待观众约100万人次。

馆内展示内容由常设展厅、宇宙剧场、4D演播厅组成。常设展厅设有10个展区河北院士风采 、力与机械、电与磁 、数学、声与光 、应用技术 、生命与健康、身边的水、安全的一天和防震减灾科普展区。其中防震减灾展区投资1000万人民币，展区面积1千平方米，是国内第一个在科技馆内设立的防震减灾主题展区。

宇宙剧场是河北省科学技术馆的标志性建筑，共设座位238个，GSS-VI型光学天象仪和穹幕电影放映设备从日本五藤光学研究所引进，可以放映模拟星空、天象节目和穹幕影片。

展厅规模

防震减灾展区

河北科学技术馆常设展厅8400平方米，设有展区：河北院士风采 、力与机械、电与磁 、数学、声与光 、应用技术 、生命与健康、身边的水、安全的一天和防震减灾科普展区。馆内共有350多件(套)展品，绝大部分展品允许公众动手操作。

特色影院

宇宙剧场是河北省科学技术馆的标志性建筑，剧场共设座位238个，可以放映四季星空、天象节目和科学探险影片。宇宙剧场设备投资近3000万元人民币，剧场内的GSS-VI型光学天象仪和穹幕电影放映设备从日本五藤光学研究所引进，其中大型单球式光学天象仪为大陆第一台，设备核心是直径60厘米的恒星球，球上装有32个放映镜头，球心装有1000瓦的放映灯泡，色温纯正的光源透过32张星板和放映镜头，把星星投影到天幕上，形成漂亮、完整的模拟星空。在这个逼真的模拟星空下，可以看到亮于6.6等的恒星约10000颗。天象仪系统还可演示经度运动、纬度运动、行星运动、月相变化等天文现象，数十台辅助投影设备可以投影赤道、黄道坐标系、星座图、星座线，并能模拟演示日食、月食、流星、彗星、彩虹、晚霞、下雪、闪电、雷鸣等自然现象。

科普活动

为满足社会公众日益增长的科普文化需求，河北科学技术馆开展了一系列的相关活动：一是每年针对社会或科技热点，邀请相关专家，开展一系列的科普报告、科普讲座会；二是购置了专业的天文观测设备，开展了月食观测、日食观测、元宵节、中秋节赏月、七夕观星等一系列室外天文观测活动；三是针对中小学生，开展了科技馆活动进校园活动、中小学天文奥林匹克竞赛的培训及参赛活动；四是积极探索开展新的科普形式，如科普表演、科普剧演出等等。

天文观测活动

场馆特色

河北省科学技术馆特色展区——“防震减灾展区”投资1千万元人民币，展区面积1000平方米，是国内第一个在科技馆内设立的防震减灾主题展区。内容分为“不平静的地球”、“地震来了”、“抗震求生”、“地震灾害管理”4个部分。展览注重以科技馆的展示理念，从科学的角

力与机械展区

度阐释地震发生的基本原理，介绍防御地震等相关自然灾害的知识与技术，展现国家在防震减灾工作方面的有关政策、举措。配合展区专门制作的影片《大地震》，利用现有的4D演播厅设备进行播放，带给观众身临其境的感受。

天文科普是河北省科学技术馆的特色活动之一，依靠天象仪等科普设施和专业人员队伍，开展了丰富多彩的天文观测活动和科普讲座，满足了天文爱好者和社会公众的需求。

基本信息

地　　址：石家庄市东大街1号
邮　　编：050011
电　　话：0311–85936788 / 85936789
传　　真：0311–85936720
网　　址：http://www.hbstm.cn
开馆时间：9:00 ~ 16:30（周一闭馆，节假日照常开放）
穹幕电影放映时间：10:30，10:30，15:15（团体包场提前预约）

Hebei Science and Technology Museum

Hebei Science and Technology Museum is located in the center of Shijiazhuang. It was originally established in 1987. In 2006, the new premise was opened and occupied 30,000 square meters in total. Up to now, the new premise has received about 1,000,000 visitors.

The museum contains three sections: Regular Exhibition, Space Theatre and 4D Cinema. Under Regular Exhibition there are ten areas including: Scientists from Hebei, Mechanics, Electricity and Magnetism, Mathematics, Applied Technology, Life and Health, Water, Public Safety and Earthquake. The Earthquake is the first themed permanent exhibition among all national museums which have been invested 10 millions in budget and 1000 square meters in display spaces.

Space Theater is the iconic building of HTSM. It has 238 seats in total. The equipments, GSS-VI and dome movie playback system were from GOTO Inc., applicable for sky simulation, cosmos programs and dome movies.

Address: No.1 Dongda Street, Changan District, Shijiazhuang, 050011 P.R.China
Phone: 86-0311-85936788 / 85936789
Fax: 86-0311-85936720
Web: http://www.hbstm.cn
Opening: 9:00-16:30 (Closed on Monday except holidays)
Dome film showing: 10:30, 10:30, 15:15(Groups need book in advance)

山西省科学技术馆

场馆概述

山西省科学技术馆位于山西省太原市迎泽西大街58号，始建于1983年，1988年2月正式对外开放，占地面积2万余平方米，建筑面积 13290平方米。开馆以来，山西科技馆始终坚持正确的办馆方向，积极开展科普展教、科技培训、学术交流及各类青少年科技活动，先后成功举办各种展览150余项，接待观众570余万人次，培训学员3万余人，接待各种学术会议1200余次，赢得了社会各界的广泛赞誉。山西省科学技术馆是山西省省直首批“十佳文明窗口单位”，是山西省委、省政府确定的“山西省爱国主义教育基地”，曾荣获中国科学技术协会授予的“先进科技馆”称号，国家科学技术委员会、中国科学技术协会授予的“全国先进科普工作集体”称号，中国科学技术协会授予的“全国科普教育基地”称号，科技部、中宣部、教育部、中国科协联合命名的“全国青少年科技教育基地”等多项殊荣。

随着时代的变迁，山西省科学技术馆科普场馆等基础设施已经不适应新时期开展科普工作的需要。在山西省委省政府的亲切关怀下，2007年3月8日，山西科技馆新馆建设项目正式立项。新馆位于太原市长风文化商务区文化岛，规划总用地面积82021平方米，占地面积52485平方米，建筑面积28000平方米，基建投资2亿元。建筑层数为地上4层，地下1层。主要包括展厅、穹幕影院、4D影院、天文台、学术报告中心、科技培训、业务管理与后勤保障服务用房等。当前，新馆主体建筑已经完成，配套设施正在紧张有序的施工中。预计2010年年底基建工程将全面竣工。

山西省科技馆新馆外景

展厅规模

山西省科技馆常设展厅4000余平方米，是科技馆的主体部分。科普展览分常设科普展、临时科普展。常设科普展厅包括科学奥秘探索展览和少儿科学乐园。科学奥秘探索展览分力学展区、电磁展区、光学展区、数学展区和演示区；少儿科学乐园有太空城堡、小小演播室、拼装天地、动手制作园等8个展区，常年对社会开放。临时主题科普展厅可举办大型主题展览，展品数量200余件。

科普活动

组织开展科普展览是山西省科学技术馆开展科普教育宣传工作的主要手段。每年，该馆都会结合社会热点组织两至三个大型科普展览。其中山西省科协首届科技博览会、世界向我走来——世界文化知识大型展览、神舟七号与嫦娥探月科普展等大型展览以及连续四年的动漫艺术节，受到了山西省市各级领导的高度重视，在社会上产生了广泛而深远的影响，为山西省普及科学文化知识，提高公众科学文化素养作出了突出贡献。

科普巡展走进省实验中学

五一首次推出手偶剧表演

五一首次推出手偶剧表演

少儿科学乐园是专为3~12岁少年儿童建立的，每个节假日该馆都要举办科普剧、皮影戏、手偶剧等丰富多彩的表演活动，特别是自编自演的白雪公主、小水滴的经历、塑料袋下岗记等科普剧，为培养少年儿童对科学知识的兴趣，激发少年儿童的想象力、创造力作出了突出贡献。

少儿科学乐园皮影活动

在组织好固定场馆科普展览的同时，为扩大科普辐射范围，该馆还常年深入全省农村、厂矿、军营等基层单位进行巡回展览，每年外出巡展20余次。巡回展览有力地增强了科普宣传的辐射功能，被公众亲切地誉为“科普宣传的轻骑兵。”

场馆特色

每周日上午举办的“星期日知识讲座”是山西省科学技术馆的一大特色。“星期日知识讲座”是山西省科协的一项品牌工程，一直以来由山西科技馆具体承办，从2002年4月开讲以来一直受到广泛的关注。2003年6月，“星期日知识讲座”被中央文明办评为全国精神文明创建工作的优秀范例，被收录进《全国精神文明创建工作方法100例》一书并在全国广泛推广。2009年开始，“星期日知识讲座”采取联名赞助、协办等形式共同举办讲座，进一步丰富了讲座的内容、形式，并在2010年与中华环保基金会山西代表处强强联手成功开辟“星期日绿色环保专题讲座”，提升了讲座的品味及内涵，打造了很多的新亮点，使“星期日知识讲座”的工作上了一个新的高度。从2010年开始，“星期日知识讲座”走出固定场所，分别走进了省委、太原理工大学、山西农业大学、太原科技大学等地，开始了流动讲座。截至目前，“星期日知识讲座”已成功举办370余期，在广大人民群众中得到了一致的好评。

发展历程

开馆二十多年来，在一代又一代科技馆人的共同努力下，山西省科学技术馆不断丰富科普展教形式，拓展科普展教内容，在常设展厅的基础上，增加临时展厅，增建少儿科学乐园，并组建巡回展览部专门负责巡回展览，同时，还组织开展少儿培训，科普讲座等科普活动。与此同时，随着科普活动影响力的增强，政府在资金方面的投入也不断加大。不久的将来，随着新馆建成并投入运营，山西省科学技术馆必将为科普事业的明天作出更大的贡献。

基本信息

地　　址：山西省太原市迎泽西大街58号
邮　　编：030024
电　　话：0351-6065742
传　　真：0351-6065742
网　　址：www.sxstm.cn
开馆时间：9:00~18:00（周一闭馆，节假日照常开放）

Shanxi Science and Technology Museum

Shanxi Science and Technology Museum is located at No.58 West Yingze Street, Taiyuan City. It was built in 1983 and opened to the public in February 1988. It covers an area of more than 30 Mu and an architectural area of 13,290 square meters. There have been more than 57 million people visited here.

With the development of society, the infrastructure has poor accessibility to adapt to the development of the new times. With leadership and support of the provincial government, the construction project of the new Shanxi Science and Technology Museum had been approved on March 8, 2007 .The new museum lies in the cultural island of Changfeng Central Business District. The total planning area is 82,021 square meters and occupies 52,485 square meters with the building area of 28,000 square meters.

The main functional areas are arranged from the lower ground floor to the fourth floor. It mainly consists of the exhibition hall, dome cinema, 4D cinema, an astronomical observatory, academic lectures center and scientific training rooms etc. The principal building has been completed, and the facilities coordination is under way with a target completion date in the end of 2010.

Address: Yingze West Avenue58 Tianyuan,shanxi province, shanxi 030024
Phone: 0351-6198693
Fax: 0351-6065742
Web: http://www.sxstm.cn
Opening: 9:00-18:00(Closed on Monday except holidays)

辽宁省科学技术馆

场馆概述

辽宁省科学技术馆坐落在沈阳市青年大街与文艺路的交汇处，建筑面积23000平方米，占地面积20000平方米，1988年10月7日开馆，是全省科学普及的阵地，学术交流的中心，科技工作者之家。建馆以来，立足科技界，面向全社会，大力开展科普活动，为辽宁的经济发展和科技进步作出了重要贡献，举办大型主题科普活动100多项，共接待观众300万余人。

辽宁省科学技术馆主楼夜景

展厅规模

设有展厅2000平方米，用以开展中小规模的科普知识和科技成果展览。22年来，举办各类展览300多次，观众达1000万人次，其中青少年观众达600多万人次。从2003年6月开始，与沈阳市公安局联合举办禁毒科普知识常设展，成为全国四大禁毒教育基地之一。

科普活动

2004年以前，以举办专题临时科普展为主。建馆以来，举办了南极考察展；电影奥秘展；新一代微机展；青春期教育展；20世纪重大科技发明回顾，21世纪科技发展展望；诺贝尔奖百年展；崇尚科学文明,反对迷信愚昧；反对邪教，崇尚科学等科普展览83次。平均每年5次，接待参观人数180万人次。1993年以后，该馆把专题临时展的范围扩大到全省，

科普大篷车进校园

辽宁省科学技术馆

电与磁主题展在营口科技馆巡展

举办了三个全省巡回展，有力地促进了全省科普工作的开展。辽宁省道路交通安全科普展在8个市巡展，参观人数25万人次；辽宁省消防安全科普展在10个市巡展，参观人数30万人次；世界珍稀野生动物标本科普展在11个市巡展，参观人数30万人次。

2004年，科技馆利用科普展厅与沈阳市公安局联合举办禁毒科普知识常设展，成为全国四大禁毒教育基地之一，每年免费面向社会开放。禁毒科普知识展以“珍爱生命、拒绝毒品”为主题，以沙盘、雕塑、实物、图版传统展示手段与声、光、电等现代技术手段相结合，科学准确的介绍了禁毒知识。通过解剖典型案例，教育吸毒者，毒海无边，回头是岸；警示好奇者，珍爱生命，远离毒品；呼吁全社会，参与禁毒，人人有责。每年接待观众10万人次以上，在社会上产生巨大影响，禁毒关系国家的兴衰，民族的发展，禁毒科普知识展为我国的禁毒事业作出了巨大贡献。

发挥省级科技馆“龙头”作用，常年举办全省巡回展览，推动全省科技馆建设与科普工作发展。2008年初，成立了展品展具服务中心，每年购买一批展品，与各市已有的科普展品进行整合，形成多个专题科普展，在全省巡展，通过建立全省科普资源共建共享机制，提高展品的展出效率，促进全省科技馆的建设与发展。2009年6月13日，以“科普资源共建共享，提高全民科学素质”为主题的辽宁省主题科普展览巡展活动启动仪式顺利举行，圆满地拉开了全省巡展的序幕。迄今为止，展品展具服务中心有“趣味数学”、“电与磁”、“力学与机械”、“生命生活与健康”、“声与光”为主题的科普展品展具近243件（套），展板320块。

纪念“6.3”虎门销烟167周年活动启动仪式在辽宁省科技馆举行

科普大篷车举办科普万里行活动，走遍辽沈大地。辽宁省科技馆配备了Ⅰ型、Ⅱ型科普大篷车，主要围绕“科普大篷车万里行巡回展”、“辽宁省科技、文化、卫生三下乡”、“科普之冬”、“科普日”、“科技周”、“少数民族科普惠农行动”、“千乡万村环保科普行”等主题开展活动，采取的形式是“进学校、进社区、进企业、进军营、进乡镇、进公共场所”。集知识性、互动性、趣味性于一体的车载科普展品及科普展板，把科技馆里所涉及的力学、声学、光学、电磁学、数学、生命科学等学科的展品小型化，使其成为一个流动的科技馆。把科学知识送到城乡的校园里、都市的社区里、部队的军营里、边疆的海岛渔村以及农村的田间地头，足迹遍及全省各地，不仅给公众带去科学知识、实用技术和科学的生活方式，还传播了科学精神和方法，成为活跃在辽宁大地上一道亮丽的风景。从2001年11月至今，共开展活动214次，总行程60700千米，接待参观观众74万人次。

场馆特色

辽宁科技馆展厅面积小，其主要功能用于举办学术交流，建设全省学术交流活动中心。设有学术报告厅、专家会议室、多功能厅、阶梯教室等会议场所7处，配有六种语言同声传译设备，多媒体影视和高级灯光音响设施，可以举行各种规模、各种类型的科技会议及科技工作者的联谊活动。其中学术报告厅可容纳500人，用以举办大规模的学术报告、学术交流、科普讲座活动。有中高档客房96间，198张床位，其中电脑商务房16套，可以满足科技工作者的特殊工作需要。有大中小餐厅16处，可同时接待600人就餐，可以为参加科技活动的科技工作者提供住宿、就餐等生活服务。

发展历程

辽宁科技馆1988年建成，由于受历史条件的制约，特别是对科技馆功能定位认识的局限，展厅面积仅2000平方米。2004年以前，以举办专题临时科普展为主。2004年，我馆利用科普展厅与沈阳市公安局联合举办禁毒科普知识常设展，成为全国四大禁毒教育基地之一，每年免费面向社会开放。为了提高全省人民群众的科学文化素质，落实《辽宁科学素质纲要》，充分发挥流动科技馆的作用。科普大篷车举办科普万里行“六进”活动，走遍辽沈大地。2008年初，成立了展品展具服务中心，每年购买一批展品，与各市已有的科普展品进行整合，形成多个专题科普展，在全省巡展，通过建立全省科普资源共建共享机制，提高展品的展出效率，促进全省科技馆的建设与发展。

目前，辽宁省科技馆建设项目被纳入“十二五”规划，建筑规模10万平方米，2013年8月前竣工。新馆地址是沈阳市浑南新城中心区。届时，一座大型的现代科技馆将展现在公众面前。

基本信息

地　　址： 辽宁省沈阳市文艺路44号
交　　通： 公交线路257，134，222，214，244，328路
联系电话： 024-62129095　024-62129079
传　　真： 024-62129095
网　　址： http://www.lnkjg.cn/
邮　　箱： info@lnkjg.cn

Liaoning Science and Technology Museum

Liaoning Science and Technology Museum is located at the intersection of Youth Avenue and Wenyi Road of Shenyang, Liaoning Province, with a construction area of 23,000 square meters, covering an area of 20,000 square meters. It was opened on the October 7th, 1988, and now is a popular place for developing science in the province, a center for exchanging academic and the home of science and technology workers.Since the museum has been built, it is based on technology, facing on the whole society, for carrying on science activities. All of these has done great contributions for Liaoning's economic development and technological progress . Besides , the museum has organized more than 100 major theme scientific activities which have received a total audience of 300 million people.

Address: 44 Wenyi Road,Shenhe District,Shenyang,liaoning P.R. china
Transport: Bus lines 257,134,222,214,244,328 Road
Tel: 024-62129095/024-62129079
Fax: 024-62129095
Website: http://www.lnkjg.cn/
E-mail: info@lnkjg.cn

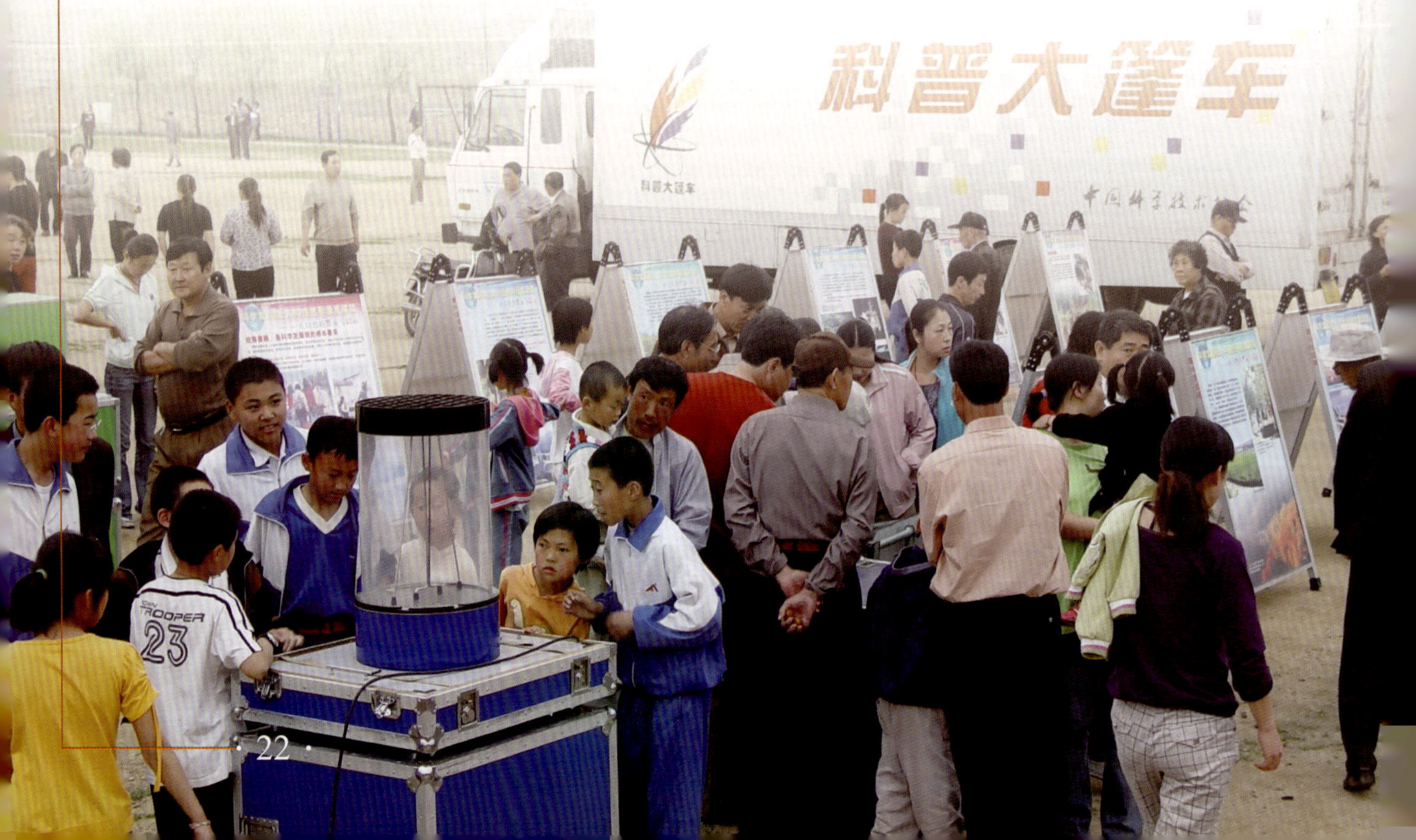

沈阳科学宫

场馆概述

沈阳科学宫坐落在沈阳市五里河中心商务区，始建于1998年，2000年6月正式向社会开放，占地面积3.6万平方米，建筑面积4万平方米,具有科普展示、交流培训、会议展览、高科技娱乐等四大功能。沈阳科学宫先后被国家、省、市相关部门评为全国青少年校外活动示范基地、国家AAAA级旅游景区、辽宁省爱国主义教育示范基地等。该馆的建筑规划由会展中心、科普展示馆、科普影院三部分组成。会展中心建筑呈半球形凸面建筑，形似飞碟，象征着我国科技的高速发展，具有浓厚的科技氛围。科普展厅的主体建筑呈长方形，圆形科普剧场建在主体建筑的上方，远观似一个高速旋转的地球。沈阳科学宫作为东北地区最大的科普场馆之一，它的建成开放引起了广泛关注。开馆10年来，共接待包括路甬祥、雷洁琼、邓楠等领导在内的450万海内外观众，举办大型主题科普活动300余项，放映科普电影2.5万场。

沈阳科学宫

展厅规模

沈阳科学宫常设展厅15000平方米，共分为三层，按不同学科分为机械、力学、声光磁电、感觉与错觉、机器人、数字世界、航空航天、数学、新能源9个展区，共有300多件（套）展品，其中近90%的展品可供观众亲自动手参与操作。常设展厅于2005年7月向未成年人免费开放，从而进一步提升了沈阳科学宫的公益性形象。

特色影院

沈阳科学宫科普剧场由球幕影院和4D影院组成。球幕影院屏幕直径23米，可同时容纳近300人观影，装备为美国Iwerks公司的8片孔70毫米穹幕电影放映系统，可放映科学教育影片和各类高端球幕影片。4D影院采用国际先进的放映系统，配合座椅联动、辅助喷水、刮风等特效，使观众感受身临其境的逼真效果。

科普活动

沈阳科学宫以科普展厅、各项临时展览和辽宁省青少年科技创新基地为依托，常年开展“科普活动月”、“少儿活动月”、“青少年智力七巧板大赛”、“机器人大赛”、“机床竞赛”等等系列活动。在日常科普展览的同时，开展科普大篷车下乡、组织科普专家报告会进校园、进社区活动，主动把科学知识送到学校和社区；针对公众关注的科技热点开展各种形式的主题活动，坚持每年举办20次公益性科普展览；举办特色鲜明的科普冬（夏）令营活动等。同时还创办《沈阳科学宫简报》内部刊物、开展科普特色旅游、进行网上科普宣传等多种形式向广大公众普及科学知识，收到了很好的效果。

孩子们与智能机器人对话

孩子们在操作展品

孩子们在动手操作展品

场馆特色

沈阳科学宫数字世界厅独具特色，面积400余平方米，包括高新软件、数字沈阳、未来数字家庭三大主题，展品共计20余件。以微软、Intel为代表的高新软件体现了未来软件的强大功能。数字沈阳结合知名的Google卫星地图，可以通过短信或网络等方式迅速检索标志性建筑、街道和地标。在未来数字家庭，观众可以体验远程互联网络控制家用电器和家庭监控设施，感受未来的高科技生活。

科普大篷车下乡和科普专家报告会也是沈阳科学宫的特色之一，依靠科普专家和科学宫的辅导员队伍，多年来在沈阳的多所学校、社区及周边偏远贫困地区开展了丰富多彩的科普活动100余次，满足偏远学生看科普、学科普难的问题，被誉为“流动的科学宫”，受到城乡居民的广泛喜爱。

发展历程

沈阳科学宫始终坚持以提升公众科学素质为己任，把弘扬科学精神、普及科学知识、传播科学思想和科学方法作为工作目标，坚持以展教为中心，以公众为核心的宗旨，为沈阳市科普工作的开展和公众科学素质的提升作出了应有的贡献。开馆十年来，科学宫注重自身科普队伍的建设，积极参加各种学术交流活动，虚心学习先进的科学教育理念，不断提高展教水平和管理水平，培养出一支比较专业的展教队伍和研发队伍。同时，还十分注重营造馆内的学术氛围和文化氛围，积极建设创新型学习型单位，不断提高员工的科普服务能力和水平。

为更好地实现科学宫的展教目标，使其真正成为展现最新科技成果，集科教娱乐于一体的科普教育基地，2004～2009年，科学宫相继建成了“数学厅”、“数字世界展厅”、“机器人展厅”、“青少年创新基地”、“新能源展厅”五个展厅。在保证单个展厅主题鲜明的同时，充分考虑各展厅之间的相互联系，形成科学合理的布局和安排。

通过一系列的改造建设，科学宫将以人为本的思想贯穿于整个科普展示馆，使科学宫充分发挥其展教功能，把科学的精神以最自然、轻松的形式传达给公众，受到了广大公众的一致欢迎。

基本信息

地　　址：沈阳市沈河区青年大街201号
邮　　编：110015
电　　话：024-23978029
传　　真：024-23978070
网　　址：www.sykxg.org
开馆时间：9:00～16:30（周一闭馆，节假日照常开放）

Shenyang Science Centrum

Shenyang Science Centrum is located in Popular Science Park of Wulihe CBD in Shenyang. It was built in 1998 and opened to the public in June, 2000.Covering an area of 36,000 square meters and an architectural area of 40,000 square meters. It has four functions which include displaying of scientific popularization, exchange training, conference display, Hi-tech entertainment. Shenyang Science Centrum is a national juvenile's scientific education base and extracurricular activity demonstration base in China. It has played an important role not only in disseminate scientific knowledge and scientific method, but also in the quality education of juvenile. It is always organizing popular science culture activity and Science-van to go to countryside and large-scale exhibition activity, then achieves good social benefits. Popular science exhibits demonstrate scientific principle, watching dome screen movie and 4D movie feel charming of Hi-tech and stimulation. Shenyang Science Centrum has already become an important base where people are familiar with popular science education and leisure entertainment.

Address: No.201,Qingnian St.,Shenhe Dist.,Shenyang 110015P.R. china
Phone: 86-24-23978029
Fax: 86-24-23978070
Web: http://www.sykxg.org
Opening time: 9:00-16:30 (Closed on Monday except holidays)

葫芦岛科技馆

场馆概述

葫芦岛市坐落在美丽的辽西渤海湾，科技馆距龙湾海滨浴场1千米，是葫芦岛市唯一的大型科普场馆。葫芦岛科技馆于1999年成立，新馆于2002年1月对社会开放。新馆占地面积为20000平方米，建筑为地上四层、地下一层，建筑面积为7000平方米。葫芦岛科技馆现有工作人员12名，部门设有办公室、青少年科技活动中心、展教部和外联部。2003年，葫芦岛科技馆成为全国100个科普教育基地之一，被中国自然科学博物馆协会吸收为会员单位；2009年，被协会的科技馆专业委员会接纳为委员单位。葫芦岛科技馆自建成以来，利用现有展馆，主办或与相关部门合作，举办、承办展览50余个，参观人数近50万人（次），充分发挥了科技馆城市公益基础设施的功能作用，为葫芦岛市公众的科学文化素质提高及两个文明建设作出积极贡献。

葫芦岛科技馆外观

展厅规模

葫芦岛科技馆一、二、三层为展厅，面积为4600平方米。一层为临时展厅；二层为科普常设展厅，展出声、光、电、磁、力等基础学科互动展品50余件；三层为天文科普展厅和辽西古生物化石博物馆，分别展出天文、化石科普展板和化石标本、模型等。

科普展厅

特色影院

除主楼外一层及四层顶设有天像演播厅和天文台。天像演播厅直径8米，天象仪型号京都E-6A，用于演示天文现象，一次可容纳观众50人。天文台直径6米，有RT-II型220毫米折射式天文望远镜一台，用于天文观测。

科普活动

科普资源共建共享

葫芦岛科技馆多年来利用场馆设施，不间断向社会开放，为该市公众科学文化素质提高作出贡献。科普常设展厅常年向社会开放，为了满足不同层次观众的需求，每年还充实展览内容，举办临时展览4～5次；与有关部门合作，围绕主题开展活动，向公众免费开放；为了解决偏远地区中小学生参观不便问题，开展“流动科技馆”进校园活动；科普资源共建共享，建立科技馆网站。同时，围绕科技创新大赛，开展青少年科技活动。组织科技报告与培训，抓科普示范学校建设，为未成年人科学素质提高做了大量工作。

科普展览

发展历程

葫芦岛科技馆于1999年成立，隶属于葫芦岛市科协。新科技馆于2001年6月动工，于2002年1月对社会开放。新馆占地面积20000平方米，建筑面积近7000平方米。建筑为地上四层、地下一层，一、二、三楼为展厅，面积4600平方米，形成了科技馆的基本框架。2005年8月，科技馆的二期工程建设开始，完成了天文馆、辽西古生物化石博物馆、科技馆常设展品购置及更新、展区规划装饰及馆外环境改造等项目，并于2005年12月9日正式对外开放。2009年末至2010年初，进一步对展馆的内外环境进行改善：一楼共享大厅安放12平方米LED彩色电子显示屏，展厅安装监控系统及遮光帘，营造了舒适的参观环境。

基本信息

地　　址：辽宁省葫芦岛市龙港区海星路3号
交　　通：葫芦岛市公交车1路可到达
电　　话：0429-6660126
网　　址：www.hldkjg.org
邮　　箱：hldkjg@126.com

Huludao Science and Technology Museum

Huludao City is located at beautiful Bohai Bay in the west of Liaoning Province, Huludao Science and Technology Museum, which is the only large science popularization museum in Huludao City, is 1 km from Longwan beach. Huludao Science and Technology Museum was established in 1999 and the New Museum was opened in January 2002. It covers an area of 20,000 square meters including 1 basement storey and 4 storeys above ground, in which storey 1, 2 and 3 above the ground are exhibition space covering 4,600 square meters.

Hosting or cooperating with relevant department, Huludao Science and Technology Museum has held more than 50 exhibitions since it was founded, attracting 500,000 visitors. Huludao Science and Technology Museum has fully played its functions of public municipal infrastructure, made active contributions to public scientific and cultural qualities improvement as well as "two civilizations" construction for Huludao City. Besides, Huludao Science and Technology Museum opened gratuitously to the public around some themes, developed the activity of "transient museum into campus" for the visitors in the remote areas, set up web site so as to share science popularization resources. Meanwhile, Huludao Science and Technology Museum carried out juvenile scientific and technological activities by the competition of scientific and technological innovations, organized scientific and technological reports and cultivations, built science popularization demonstration schools, and made active efforts for the improvement of minors' scientific quality.

Address: No. 3, Haixing Road, Longgang District, Huludao City, P.R. china
Bus: Number 1 buses can arrive
Telephone: 0429-6660126
Web: http://www.hldkjg.org
E-mail: hldkjg@126.com

吉林省科技馆

场馆概述

长春科技文化中心效果图

吉林省科技馆新馆是长春科技文化综合中心的组成部分，是吉林省“十一五”重点建设项目，位于风景秀丽的长春净月经济开发区，2007年5月动工兴建，总投资4亿元，建筑面积3.2万平方米，展教面积1.6万平方米，展品近400件，将于2010年底建成对外开放。

吉林省科技馆新馆以“国际先进，国内一流”为建设标准，以“科技与梦想”为主题，创新建设理论，突出吉林特色，坚持感受与体验科技原则，彰显科学与艺术的完美结合，着力打造现代科普展教精品。馆内除常设展厅和临时展厅外，还设有球幕影院、学术报告厅、多功能教室、阅览室及其他相关服务设施，是一座特色鲜明、功能齐全、设施配套，集科普展教、学术交流、科技培训及休闲娱乐于一体的综合性、现代化科技场馆。

展厅规模

吉林省科技馆新馆设有序厅、常设展厅和临时展厅共1.6万平方米。常设展览以主题展示兼顾学科分类的方式，围绕“科技与梦想”主题，下设“梦想的摇篮”、“智慧的阶梯”、“创造的辉煌”、“我们的未来不是梦”和“实践梦想”5大主题展区、19个展厅，近400件（套）展品，其中互动展品占80%。展示内容涵盖数、理、化、天、地、生等各学科的经典原理，充分介绍了当代工业、农业、信息、材料、生态、能源、环境、宇宙等众多领域的先进科学技术，在交通、农业、生态等方面，着重展示了吉林特色内容，同时还包含了生动有趣的儿童科普项目和体现创新精神的动手实践园地。

地球与能源展厅效果图

力学世界展厅效果图

特色影院

位于展馆4层的数字球幕影院，直径12米，可容纳70人同时观看。装备有德国蔡司公司的数字球幕影院与数字天象系统，通过6台高清JVC DLA-HD350投影机放映各种科学教育影片和天象节目。

科普活动

馆内设有培训实验区、主题活动区、报告厅、多功能厅、科普剧场、阅览室和会议室等相关配套设施，可供青少年及社会各界开展各种科普宣传及科技交流活动。

场馆特色

◎ 现代农业技术展厅

吉林是我国农业大省，结合吉林实际，该展厅通过现代农业技术与吉林省农业概况、现代种植业技术、现代养殖业技术和现代农产品加工技术等4个部分、22件展品，系统、简明地向公众介绍了现代农业的相关知识，展示了现代科技在农业生产中创造的巨大成就。

◎ 生态与环境展厅

吉林省是国家级生态省，该展厅结合吉林实际，通过24件展品，按照基础知识、面临的问题与发展对策、未来展望三个部分依次展开。第一部分通过“认识生态环境”、“吉林生态”等展项，介绍有关生态环境的基本知识，让公众感受和认知吉林的生态；第二部分通过“灾变剧场及十大环境问题图版”，特别是通过百年吉林森林覆盖的演变，让观众切实地了解生态环境问题的严重性，深切地感到人与自然和谐相处的重要性；第三部分通过吉林生态漫游的动感剧场，展现未来地球家园的美丽前景。

生态与环境展厅效果图

◎ 公路交通展厅

该展厅以一汽奔腾轿车透视为切入点，系统介绍了汽车的科学技术、汽车的基本构造、汽车模拟驾驶、组装体验、GPS的构造、混合动力汽车及卡车的最新技术等方面的内容，让人们在科技馆里系统了解汽车的奥秘，感受现代科学技术给汽车产业及人们的生活所带来的日新月异的变化。

◎ 轨道交通展厅

该展厅结合长春客车，以介绍轨道客车的发展为主线，展示了客车的基本结构、各类机车、超导磁悬浮列车、客车模型、火车模拟器、中央控制中心等重要内容，把火车这个庞然大物微缩后系统介绍给观众。

基本信息

地　　址：吉林省长春市人民大街6255号　　**邮　　编**：130021
电　　话：0431-85261328　　**传　　真**：0431-85682202
电子邮件：jlskjg@sina.com

Science and Technology Museum of Jilin Province

As a constituent of the integrated center of Science and Culture of Changchun in Jilin Province, the new museum of Science and Technology of Jilin Province is located in the economic development zone of Jingyue in Changchun and adjacent to the State Forest Park of the Jingyue Pond. With its floorage of 32,000 square meters and exhibition area of approximately 15,000 square meters.

The new museum of Science and Technology of Jilin Province is divided into the introductory hall, the permanent exhibition hall and the temporary exhibition hall. The permanent exhibition is developed in the form of theme with subject categorization taken into consideration. Revolving about the theme of "science and dream", the five subordinate theme areas are instituted, which are "the cradle of dream", "the ladder of wisdom", "the brilliance of creation", "our future is not a dream" and "practising dream", with 19 exhibition halls. The exhibition covers the scientific classes in mathematics, physics, chemistry, astronomy, geography, biology, and also gives full introduction to the advanced technologies in various spheres such as modern industry, agriculture, information, material, ecology, energy, environment and space, with the exhibits of about four hundred pieces or sets.

In addition, the museum has the supplementary facilities such as training experiment area, subject activity area, report hall, a multi-purpose hall, popular science theatre, reading room and a conference room, providing for every circle of society in their various activities of science popularization and exchanges.

Address: No. 6255, Renmin Street, Changchun City, Jilin Province 130021 P.R.China
Phone: 0431-85261328
Fax: 0431-85682202
E-mail: jlskjg@sina.com

黑龙江省科学技术馆

场馆概述

黑龙江省科技馆全景

黑龙江省科学技术馆于2001年4月开工建设，2003年8月8日面向社会开放，隶属于黑龙江省科学技术协会，为公益性事业单位。

黑龙江省科学技术馆地处哈尔滨市松花江北岸太阳岛风景区，占地面积5万平方米，建筑面积2.5万平方米，地上3层、地下1层。展馆主体依松花江北岸而建，建筑立面造型新颖、简洁大方，南立面一侧以一种自低向高逐渐升起的曲面作背景，衬托出球形的球幕影厅，北立面5片升起的曲面似松花江畔升起的片片白帆，整体建筑气势恢宏，展现了现代建筑艺术特色。黑龙江省科学技术馆荣获“哈尔滨市新世纪十佳建筑”称号，建筑工程荣获国家“鲁班奖”。

黑龙江省科学技术馆展厅面积1.2万平方米，设有12个展区，400余件（套）展品，馆内还设有青少年科学工作室、IMAX球幕影院、4D影院、科学互动剧场、学术报告厅及配套服务设施，具有科普展教、学术交流和科技培训等功能，是黑龙江省规模最大的综合性现代化科普场馆。开馆至今，科技馆接待公众达600多万人次。

展厅规模

黑龙江省科学技术馆常设展厅1.2万平方米，地上3层。设有机械、能源材料、航空航天交通、力学、数学、生命环境、信息技术、消防知识、声光、电磁、走进兴安岭以及儿童科学乐园12个展区，400余件套展品，每件展品都形象地展示出科学技术的基本原理和应用，具有丰富的互动性、趣味性以及科学性，让广大公众在动手参与实践的过程中，了解科学知识、体验科技魅力。

临时展厅位于地下1层，面积1500平方米，主要用于陈列设置专题展览以及开展科普教育活动。

特色影院

◎ 球幕影院

球幕影院位于展馆一层中厅，可容纳223名观众，采用世界目前最先进的电影放映技术系统，整个银幕为23米直径、30° 倾角的半球形银幕，使用最大画格70毫米15片孔的电影胶片，6.1声道数字环绕音响，把观众与电影融为一体，产生身临其境的感觉，给观众带来强烈的视听震撼。

◎ 4D影院

4D影院位于展馆一层中厅，可容纳40名观众，是目前国内最先进的立体特效影院之一，使用6台放映机（数字投影机）同时放映，180° 环形银幕，5.1声道数字音响。观看电影时，戴上偏振眼镜，通过控制系统的协调与影片同步运行，完成座椅的震动、坠落、喷风、喷水、拍打等特效，产生身临其境的感觉。

4D影院

科普活动

开馆至今，黑龙江省科技馆接待公众达600多万人次，开展主题科普活动400余次；先后与省、市教委、团委、宣传部等有关部门举办科技竞赛、绘画等大赛活动70余个，举办科普报告、论坛100余场；以展品为依托开展的竞技类、体验类、认知类和表演类活动1000余场；以专题科普展览、科普剧为依托开展的进社区、进农村、进科普大集活动100余次；以科普剧、趣味小实验为主的“科技馆活动进校园”等活动30余次；以青少年工作

机械展区

室为依托开展的探究类、动手制作类、实验类等活动50多个，开发科普活动资源包40余个，其中“小蚂蚁·大世界”、“清洁小卫士——肥皂之胀肚游戏”获得中国青少年科技中心优秀活动方案奖。中央电视台、中国教育频道、东北网以及省市各大媒体对举办的科普教育活动进行百余次相关报道，取得了良好的社会效益。

利用媒体资源，与各大媒体广泛开展合作，先后与黑龙江电视台、黑龙江电台、哈尔滨电视台、《科学发现报》等媒体举办各种科普教育活动，受益公众3千多万人。其中，黑龙江电视台少儿频道“欢乐岛”栏目与科技馆做了20期专题节目；哈尔滨电视台“阳关宝贝”栏目与科技馆做了12期专题活动；与哈报集团《科学发现报》联合开展“走进黑龙江科技馆”专栏每周一期介绍科技展品，目前报纸发行140余期，发行量达1500万份。

黑龙江省科技馆先后被授予和荣获了“国家4A级旅游景区”、“全国科普教育基地”、“黑龙江省科普教育基地”、“黑龙江省青少年科技教育基地”、“黑龙江省青少年科技创新方法（TRIZ理论）实践基地”、“未成年人思想道德建设科技教育基地”、“哈尔滨少先队实践活动基地”及“全国科普日活动先进单位”、“全国科普工作先进集体”、“黑龙江省全国科普日活动先进单位”、“省级文明单位”、“省级卫生先进单位”等称号，在社会上树立了良好的文明窗口形象，为全省科普事业的发展作出了应有的贡献。

来自全省各地的1000余名少年儿童参加崇尚科学爱护环境百米长卷绘画活动

场馆特色

青少年科学工作室是黑龙江省科技馆一大特色，工作室于2008年7月22日面向公众正式开放，工作室位于展馆2层B展厅，面积570平方米，是针对广大青少年进行科技培训、科技实验等活动的科普实践场所。设立了生物科学、科学与艺术创意、机器人3个工作室。其中生物科学工作室主要用于生物探究、实验、观察、标本制作等内容；科学与艺术创意工作室主要开展小设计、小制作等活动；机器人工作室主要开展机器人编程设计与搭建，系统培养青少年创新能力。青少年科学工作室自主设计开发了“皮影的制作与表演”、“透过镜子看世界”、“小蚂蚁·大世界”等科普活动资源包，将科普资源包内容制作成DV视频上报中国科协青少年科技中心，面向全国推广；青少年工作室自主翻译并拍摄了美国探索馆的“火箭发射器”、“嗡嗡叫的蜜蜂”、“水瓶萨克至斯”等8个科普教育活动，制作成科普视频通过中国科协青少年科技中心面向全国出版发行。截至目前，青少年科学工作室共举办科普活动百余次，受益公众达百万人次。《新晚报》、《生活报》、《哈尔滨日报》及省电视台的“新闻夜航”、市电视台的“阳光宝贝”等栏目均对青少年科学工作室进行了相关报道，取得了一定的社会效益。

2010年6月1日正式开放的儿童科学展厅是黑龙江省科技馆特色展区，主要由“走进兴安岭”、“水世界”、“小交通”、“小农庄”、“小超市”、“小建筑师”和“科技航母”等主题展区组成，成为科技馆的新亮点。新展区投入资金近千万元，改造面积达2000平方米，新增展品48件（套），以鼓励孩子们“玩中学、动手做”为教育目的，将更具参与性、互动性、娱乐性、教育性的科技展品融入“主题式”展览中，使科技馆展览展示内容更具吸引力。更新原有“启迪号航母”、“汽车模拟驾驶”、“蝶舞荧光”等备受公众喜爱的经典展品，新增“小交通”、“小超市”、“小农庄”三大主题式展区，包括“小火车”、“采摘蔬菜”、“挤牛奶”、“音乐柱”、“轮胎堡”、“小摄影师”等特色展品，对提高孩子们的认知能力及动手能力有极大帮助，受到广大公众的欢迎与好评。

发展历程

黑龙江省科学技术馆以提高公众科技素养为宗旨，始终致力于科普设施的建设、展教资源的开发以及科学技术的展示，面向广大公众开展科普展览、科技培训以及科普实践等科普教育活动，通过知识性、趣味性以及互动参与性相结合的科普教育方式，激发广大公众的科学兴趣，向广大公众普及科学知识、倡导科学方法、传播科学思想、弘扬科学精神。

几年来，黑龙江省科技馆不断拓展活动形式，丰富活动主题。结合科技馆丰富的展教资源和场馆优势，举办大量丰富多彩的青少年科学探究实践、机器人制作大赛、青少年免费参观、绘画摄影大赛、大中学生科技创新论坛、科普报告会科学互动剧场等科普活动，充分发挥科普主力军的作用。与此同时，黑龙江省科技馆不断适应形势发展推陈出新，从开馆初期的288件展品发展到现在的400余件套展品，走出了一条有黑龙江省科技馆特色的展品展览设计制作之路。黑龙江省科技馆自主研制开发了“触摸的感觉”、“航天知识转盘”等新展品40余件，其中“奇异的图案”、“正视南极”两件展品荣获全国“第二届科技场馆展品与技术设施国际展览会优秀展品奖”；在专题展览制作上，黑龙江省科技馆紧密结合当前的社会热点和前沿科技，先后推出“建设节约型社会——节能我先行”、“中国探月”、“南极”等大型专题临时展览20余个。其中“南极”、“影子世界”等大型专题科普展览被中国科技馆专业委员会作为全国科普资源共建共享项目，在全国省市级科技馆进行巡展。

黑龙江省科技馆已成为提高黑龙江省人民科学素质的重要科普平台，日益凸显出黑龙江省科普教育基地的重要作用，成为展现黑龙江省科技文化进步、经济发展的一扇明亮的窗口。在各级领导的关怀和社会各界的支持下，黑龙江省科技馆继续坚持以科学发展观为指导，扎实推进黑龙江省科普教育进程，为提高全民科学文化素质，促进经济社会科学发展作出更大的贡献。

基本信息

地　　址：黑龙江省哈尔滨市太阳岛风景区
联系方式：0451-88191198
传　　真：0451-88191178

Heilongjiang Science and Technology Museum

Heilongjiang Science and Technology Museum started construction in April, 2001 and was opened to the publics on August 8th, 2003. It is a public welfare institution which is subordinate to Heilongjiang Science and Technology Association.

Heilongjiang Science and Technology Museum is situated in the Sun Island Scenic Area which is located in north of Songhua River in Harbin. It covers an area of 50,000 square meters, construction area of 25,000 square meters, the ground three floors with a layer of ground. The main exhibition hall is built by the north shore of Songhua River, facade clean, simple and generous, south side elevation with a gradual rise from low to high surface as the background which bring out the spherical dome video hall, surface north of five rising like the rising surface patches of white sails of Songhua River, the whole magnificent building, displaying the characteristics of modern architecture. The building won the title of "Top Ten New Architecture in Harbin," and the construction won the national "Luban."

The exhibition hall reaches to 12,000 square meters, with 12 exhibition areas, more than 400 pieces (sets) exhibits. The museum also has Youth Scientific Studio, IMAX Dome Theater, 4D Theater, Interactive Theater of Science, Academic Lecture Hall and related service facilities which have the functions of scientific education, academic exchanges, scientific and technical training and so on. It is the largest comprehensive modernized popular science museum in Heilongjiang Province. Since its opening, Heilongjiang Science and Technology Museum has received more than 6,000,000 people.

Address: Sun Island Scenic Spots in Harbin in Heilongjiang Province
Telephone: 0451-88191198
Fax: 0451-88191178

上海科技馆

场馆概述

上海科技馆是上海市政府从“科教兴国”及“可持续发展”的战略高度，为在新世纪提高城市综合竞争力和市民科学文化素养而投资兴建的重大公益性社会文化项目。该馆由位于世纪大道2000号的科技馆、延安东路260号的上海自然博物馆（上海科技馆分馆）和龙吴路1102号的标本楼组成。其中，科技馆建筑面积9.8万平方米，于2001年12月18日正式对外开放，如同水晶宫般晶莹剔透的建筑呈西低东高、螺旋上升的不对称结构，寓意着自然、人和科技将在和谐中走向充满希望的美好未来。上海自然博物馆（上海科技馆分馆）建于1956年，建筑面积1.2万平方米，是我国最早的自然博物馆之一，目前正迁建于北京西路新址，建筑面积4.5万平方米。位于龙吴路的标本楼建筑面积3065平方米，拥有各类标本27万余件。

自2001年开馆以来，上海科技馆以丰富多彩的常设展，紧跟热点的临时展、贴近百姓的教育活动和震撼心灵的科学大片，吸引超过2000万来自全国各地和海外观众。通过一流的展示、管理和服务，品牌知名度、美誉度和社会影响力不断提升，对国内科技馆行业的发展起到了有力的推动作用，得到了国内外同行及领导专家的认可。通过规范、特色的服务，上海科技馆已经成了上海市最主要的科普教育基地和精神文明建设基地，成为深受青少年和市民欢迎的国家AAAAA级旅游景点和国内外游客喜爱的上海特色文化地标、参观量最大的旅游景点之一。

上海科技馆全景

展厅规模

上海科技馆展厅区域共设三层，展示面积近3万平方米，拥有1180多项展品。设有生物万象、地壳探密、设计师摇篮、智慧之光、地球家园、信息时代、机器人世界、探索之光、人与健康、宇航天地和彩虹儿童乐园共11个常设展厅；蜘蛛和动物世界2个特别展览；中国古代科技和中外科学探索者2个浮雕长廊；中国科学院和中国工程院院士信息墙。它们共同为四方游客生动地演绎着“自然、人、科技”的永恒话题，并以现代化的展示手段，融展示与互动、参观与体验、学习与娱乐、传统与现代、科学与艺术、高雅与通俗于一体，使观众在轻松愉快的氛围中欣赏自然的奇特，感受科技的魅力，体验学习的乐趣。

彩虹儿童乐园

特色影院

球幕影院

上海科技馆拥有由四座各具特色的科普特种影院组成的科学影城。这四座影院分别是：具有球幕电影和天象演示双重功能的球幕影院(IMAX)，球幕直径为23米，倾斜度为30°，置身影院能使观众产生飘浮在空中之感觉，可容纳观众280位；中国内地首家立体巨幕影院（IMAX），银幕高18.3米，宽24.3米，可容纳观众441位，6层楼高的巨大画面加上影院内6+1声道的音响系统，给观众带来视听上的双重享受；能产生非常逼真现场感受的四维影院，由立体视觉加感觉结合而成，让观众完全融入电影情节之中；设在“宇航天地”展区内的太空影院，是我国第一家采用视频拼接、图像处理、观众互动、电脑集成等技术综合而成的多媒体球幕影院，共设69个座位，座位的倾斜度达到了23°。

科普活动

2003年中国首次载人航天飞行展（神五）

上海科技馆充分利用自身科普资源优势，积极打造科普展示与交流平台，在可持续发展思路的引导下，不断为社会贡献精彩的科普亮点，每年坚持策划、开发、引进2~3项大型临时性科普展览，紧扣社会热点，整合社会资源，满足广大观众的需要。为公众策划实施各类公众科普教育活动，结合节假日、纪念日和社会热点，定期推出《科学小讲台》、《科普剧》等互动公教节目，与中国工程院、上海市科委、上海市院士中心等单位联合举办大型公益性高端科普系列讲座《上海科普大讲坛》，与社会多方合作推出特别适合青少年动手教育的科学实验、演示与科普剧节目，以及强调参与性、选拔性和精品效应的各类知识或技能竞赛等。与上海科普教育发展基金会共同创办《流动科技馆》，走进学校、社区、部队进行馆外科普互动教育。立足馆内大型科学影城资源，定期举办“上海科技馆科普电影周”活动，在业内产生较大影响力，至今已举办三届；同时还积极与国内外科普影视同行合作，进行科普电影的自主拍摄。

地球家园

场馆特色

上海科技馆打破了传统科技馆、自然博物馆内容的单一性以及强调学科中心和知识记忆的展示方式，将重点放在对科学技术和社会应用的体验上，建立了世界独创的天地馆、生命馆、智慧馆、创造馆、未来馆五个馆的内容框架，包括地壳探秘、生物万象、智慧之光等在内的十余个主题展区组成的展示体系。在展示手段上创造性地融合了四类技术：以陈列式为主要特征的第一类展示技术；以简单互动展品为主要特征的第二类展示技术；以仿真场景配以声光电及AV控制技术为特征的第三类展示技术；以机电一体化、计算机网络、数码影视、计算机软件集成为特征的第四类展示技术。四种不同的技术在不同主题的展区得到了综合交叉的使用，大大丰富了科技馆的展示手段，不仅体现了时代性，而且为一些原本难以表达的科学理论找到了方便观众学习和理解的表现途径，达到了现代高科技和科普教育的结合点。

该馆在展示设计规划上充分采用了STS（科学·技术·社会）的综合模式，1180余种展品展项在内容上交叉涉及了物理学、化学、生物学、地质学、天文学等多种学科，以及航天、信息、多媒体等各类技术，种类丰富而集中，淡化学科中心色彩，跨越了传统科技馆、天文馆、自然博物馆的学科界限，实现融“自然·人·科技”为一体的综合展示，其展示方式和教育效果非常适宜于当代社会知识爆炸、学科分化交叉和个人实现全方位提升的现状和要求。大量互动体验型的展项，使观众在参观中得到的不仅仅局限于视觉体验，在满足视听娱乐之余，更需要游客手脑并用，在动手操作和亲身体验展项的同时获得科学的启迪，这正与上海科技馆提倡的“快乐学习”、“在学习中玩乐”的科普教育、传播和参观理念相契合。

智慧之光

发展历程

上海科技馆作为上海市为实践“科教兴国”及“可持续发展”战略，提高公众科学素养、促进全社会科学发展而投资兴建的综合性科学技术博物馆，以有限的空间逼真地再现了自然环境原貌，展现了人类发展过程中大量的重要科技成果，其不断丰富的展示内容可以说是科技发展的缩影。自2001年开馆以来，该馆始终坚持从社会和大众的需求出发，积极贯彻实践“常开常新”的理念，继一期六个展区成功开放之后，又于2005年建成开放二期六个展区，科学影院的规模也由一期时的三个增加到四个。其后，又通过国际科普项目合作，建成“蜘蛛展”和“动物世界展”两大特别展览，常年向公众开放。2009年起，该馆启动了常设展区更新改造的中长期项目，根据展区运行实际和社会公众需求，将展区局部改造和“整建制”改造科学结合起来，在2010年完成了20多项展品展项的修改完善，将原“儿童科技园”展区和“视听乐园”展区进行整体合并改造，并于暑期全新建成开放“彩虹儿童乐园”展区，获得观众的一致好评和踊跃参与。已为上海市民服务了50多年的上海自然博物馆（上海科技馆分馆）在上海市委、市政府的关心下，正在实施迁址重建工程，全新的上海自然博物馆（上海科技馆分馆）计划于2012年完工。

基本信息

地　　址：上海市浦东新区世纪大道2000号
总　　机：021-68622000
票务传真：021-68543044
网　　址：http://www.sstm.org.cn
开放时间：周二～周日9:00～17:15（周一闭馆，法定假日除外）
交　　通：地铁二号线（上海科技馆站）东周线，隧道三线、申崇二线，公交640，794，815，984，638，983，975路

Shanghai Science and Technology Museum

Shanghai Science and Technology Museum is a key non-profit social cultural project established by the Shanghai Government for the purpose of enhancing the comprehensive competitiveness of the city and the public scientific literacy. The museum consists of three parts: the Science and Technology Museum at 2000 Century Avenue, the Branch Museum of Natural History currently at 260 East Yan'an Road which is being rebuilt now elsewhere downtown, and the Specimen Building at 1102 Longwu Road.

The Museum's Pudong section covers a floor area of 98,000 m^2 and was first officially opened on Dec 18, 2001. It has 11 permanent exhibition halls: Spectrum of Life, Earth Exploration, Cradle of Design, Light of Wisdom, Home on Earth, Information Era, World of Robots, Light of Exploration, Human and Health, Space Navigation, and Children's Rainbow Land; 2 special exhibitions: The Spiders ! and the Animal World; 3 embossing or photo corridors showing about the Chinese Ancient Science and Technology, world famous scientific explorers and academicians of Chinese Academy of Science and Chinese Academy of Engineering. The museum's Science Film Center consists of 4 theatres such as the IMAX 3D Giant Screen Theater, IMAX Dome Theater, IWERKS 4D Theater, and Space Theater. With the theme of "Nature, Mankind, Science & Technology", these exhibition halls and theatres together provide a delightful and interesting education environment for its visitors.

Since its official opening in 2001, Shanghai Science and Technology Museum has attracted huge number of visitors from home and abroad and is now the most important science education base in Shanghai. It has been recognized as a State Five-A-level Tourism Spot in 2010 and one of the most visited tourist attractions.

Address: 2000 Century Avenue of Pudong New Area, Shanghai

Tel: 021-68622000

Website: http://www.sstm.org.cn

Fax for ticketing: 021-68543044

Opening hours: 9:00-17:15, from Tue. through Sun. (off on Monday, except for National holidays)

Transportation: Metro Line 2 (Shanghai Science and Technology Museum station) Dongzhou Line, Tunnel Bus Line 3, Shenchong Line 2, Bus 640, 794, 815, 984, 638, 983, 975.

江苏省科学技术馆

场馆概述

江苏省科学技术馆（原名江苏科学宫）是省委、省政府批准立项的“九五”期间社会事业标志性工程之一，由江苏省广电厅和江苏省科协共同承建，项目总投资逾8000万元。场馆位于江苏南京城西秦淮河畔的南京广播电视塔下，整体建筑以高318.5米的南京广播电视塔塔座为基础，毗邻风景优美的古林公园和水木秦淮风光带。一期工程于1999年3月动工建设，2000年5月1日正式对社会开放。2005年2月至11月，因配合全国“十运会”国际广播电视新闻中心（IBC）建设和运行的需要，暂时停止对社会公众开放。2006年展区内部进行调整改造，2007年4月26日正式更名为江苏省科学技术馆，并以全新面貌重新对外开放。开馆10余年来，接待了百万余的观众，举办多项科普巡展和主题活动，深受省内外观众的好评和喜爱。

江苏科技馆外景

展厅规模

江苏科技馆是按现代科技馆的理念精心设计、精心施工建设的现代科技场馆。建筑面积13586平方米，常设展厅6500多平方米，分为5个主题展区：科技·智慧、探索·发现、数字·信息、生态·家园和生命·健康，展出近200件科普展品。另外还设有科学剧场、4D动感影院、科学小玩家俱乐部、科技创新园以及临时展览厅和培训教室等。馆内布置充分体现了现代、时尚、亮丽的气息，展示展品集知识性、科学性、趣味性和参与互动性于一体，是科学与艺术的完美结合。

数字·信息展区

特色影院

4D动感影院由HT4-24YP-6D型海天4号六自由度运动模拟平台总成成一台由工业控制计算机控制的，可以在上下、左右、前后、俯仰、横滚以及旋转6个自由度以及6个自由度任意组合的方向进行运动模拟的平台。平台上装有24张座椅，座椅随着平台一起运动。

科普活动

在科普展教方面，江苏科技馆始终坚持对科普互动式教育模式的摸索探求，重视充分利用科技馆常设展览和科学动手项目、科学实验等形式与观众面对面的交流。经过多年来的不断实践与探索，暑期“科技绿茵”和“科学小玩家俱乐部”系列活动办得有声有色，针对公众热点，开展形式多样的主题活动和展览。“科技绿茵”之“太阳不见了——日全食”、“京剧脸谱”、“我们与水”系列活动都深受小朋友和家长的喜爱。原创科普剧更是成为全国科普剧界的新力军。2008年，在全国首届科普剧创作表演大赛中，江苏科技馆自编、自导、自演的科普剧以精确的原理阐述、精彩的戏剧情节、幽默风趣的舞台表演，经过激烈的角逐，从众多参赛作品中胜出，赢得专家评委和观众的高度评价，一举夺魁。2009年，在全国首届讲解员大赛团体赛中，江苏科技馆自编、自导、自演的科普实验互动表演《气压风暴》又以第三名的好成绩荣获团体比赛二等奖，充分显示了江苏科技馆在科普剧创作表演上的实力。

原创科普剧“珍邮疑案”

江苏科技馆除了在馆内办好活动外，还力求“走出去”，让更多的学生增长见识，拓宽视野。10余年来，江苏科技馆举办的“看大千世界·做天下文章”主题夏令营和“一路歌声·踏浪而行”、江苏少儿荧星合唱团等国际交流活动都深受中小学生及家长的喜爱，为学生们提供了一个户外的课堂，用眼睛和心灵学习科普知识。

场馆特色

江苏科技馆生态·家园展区更是独具地方特色。“空中看江苏”利用卫星遥感技术，可以鸟瞰江苏省境内全景。“丹顶鹤的故事”则讲述了发生在盐城大丰湿地自然保护区的故事。这两个独具地方特色的展品都展现了江苏省的生态之美。数字·信息展区的激光剧场利用激光技术组成生动的立体画面，结合动感的音乐，将观者带入一个奇幻而又立体的动感世界。

生态·家园展区“丹顶鹤的故事”

“科学小玩家俱乐部”则强调动手协作能力，带领小朋友们玩转科学，自己动手DIY，学习造纸技术，倡导低碳环保生活。

原创科普剧作为江苏科技馆一项

新的特色活动，依靠自身不断地努力和摸索，拥有了一支不仅能创作，更能培育出科普剧新人的队伍。在江苏科技馆科普剧表演老师的指导下，南京市部分学校拥有了自己的科普剧表演团队。现今，我们更将培养的范围扩大到江苏全省。2009年成功承办了由江苏省文明办、江苏省教育厅、江苏省科协、江苏省科技厅、共青团江苏省委、江苏广播电视总台联合主办的全省性大型科普活动——全省首届科普剧汇演活动。活动得到全省各地中小学校的积极响应，参与活动的市县遍及南京、徐州、淮安、扬州、连云港、常州、无锡、苏州、南通、吴江、靖江、启东、海门等市县地区。经各市县的层层选拔，共有来自江苏地区10个省辖市的54个优秀科普剧作品入围参加了全省科普剧汇演的评奖活动。此次汇演活动的成功举办，激发了全省中小学校创作科普剧的热情，也引领了科普剧在全国的原创新风。

发展历程

江苏省科技馆作为国家级、省级科普教育基地和省级爱国主义教育基地，为提高全省人民特别是广大青少年的科学文化素质、加强未成年人思想道德建设起到了重要作用。

作为中国科技馆行业发展较早的科技馆，江苏科技馆培养了一批专门从事整体策划、布展设计和展品研发的技术人员，具有对外承接科技馆建设和展品设计制作的能力，并且在科普展品的研制开发工作方面做出了良好的业绩。2002年在中国科协主办的首届全国科技馆“展品创新展示与评奖”活动中，江苏科技馆选送的4件展品有3件获奖。其中“空气黏性飞盘”获展品创新三等奖;“流体演示仪”和“声悬浮”获展品创意奖。几年来又陆续开发出“低速直流风洞”、“屏风式流态万千”、“趣味有奖答题多媒体”、“时光隧道”、“GPS演示沙盘”、“大屏幻影合成”等展品展项。近年来，先后承担了武进高级中学科技馆的展览方案设计、布展环境设计和55件展品的设计制作任务；承担了2700平方米的无锡新区科技馆总体策划、展示方案和布展设计工作，完成了全部展项的设计制作和布展施工任务；承接广州番禺区少年宫星海科技馆的方案策划、布展设计施工和展品展项制作任务；承担了南京科技馆、南京供电展示厅、福建漳州科技馆、山东科技馆、黑龙江科技馆、南通科技馆、贵州科技馆、四川科技馆、唐山科技馆、郑州科技馆、陕西科技馆、内蒙古巴林右旗科技馆等地的展品制作。2008年总承建了昆山气象防雷科普馆，2009年为南京市山西路小学创意设计并承建了全国首个少儿地震科普馆。在全国科技馆界享有较高声誉。

2008年5月开始，江苏科技馆积极响应江苏省委、省政府的倡导，率先加入对社会公众免费开放的行列，免费开放可以使更多的社会公众有更多、更好的机会与科技亲密接触，爱好科学的社会群体再也不会被参观费挡在门外了。2010年国庆，更进一步将免费参观的受众面扩大至全国的观众。他们可以从江苏省科技馆出发，走近科学、了解科学、发现科学、创新科学！

基本信息

地　　址：南京市鼓楼区石头城118号
邮　　编：210013
电　　话：025-83759015/83759030
传　　真：025-83759015
网　　址：www.jsstm.org.cn
开馆时间：9:00~16:30（周一、二闭馆，节假日照常开放）
4D动感影院放映时间：10:30，12:00，13:15，15:30（团体包场提前预约）

Jiangsu Science and Technology Museum

Jiangsu Science and Technology Museum (originally is known as Jiangsu Science Palace) is one of the symbolized projects for social undertakings during the 9th Five-year Plan with the approval of provincial Party committee and provincial government. Jointly built by Jiangsu Provincial Administration of Radio, Film and Television as well as Jiangsu Association of Science and Technology, this project has a total investment of more than RMB 80 million. The museum is located under Nanjing Radio & TV Tower beside Qinhuai River in the west of Nanjing, Jiangsu Province. With the 318.5-meter-high tower pedestal as the foundation, the building is adjacent to the picturesque Gulin Park and Qinhuai River scenic belt. The first-stage project was started from March 1999 and was opened to the public on May 1st, 2000. After meticulous design, adjustment and reconstruction, it was officially renamed Jiangsu Science and Technology Museum and was open again with a new look on April 26th, 2007. Covering a building area of 13,586m^2. After reconstruction, the museum has a standing exhibition area of 6,500 m^2, which is divided into five exhibition rooms of science & technology and wisdom, exploration and discovery, number and information, ecology and homeland, life and health, science theater, 4D cinema, laser theater and small science player club. In addition, there is also a temporary exhibition area of 1,000 m^2.

As a national base for science education and a provincial site for patriotic education, Jiangsu Science and Technology Museum has its main function like carrying our science exhibition and education, holding activities for popular science, organizing science and technology trainings, studying and developing science products, studying the trends and theories of the science and technology museums. In the past decade, it has received over one million visitors and held several itinerant exhibitions as well as theme activities, wining favorable comment and affection from visitors inside and outside of the province.

From May 2008, Jiangsu Science and Technology Museum took the lead in opening to the public for free by responding to the call of provincial Party committee and provincial government. During the National Day of 2010, it further made the free visit nationwide. Opening to the public for free provides more and more opportunities for people in our province to have close contact with science and technology, preventing those who are keen on science from being kept away by the visit fee. Starting from Jiangsu Science and Technology Museum, they can just approach to, know about, find out and make innovation to science!

Address: No.118 Shitoucheng Rd. Gulou District, Nanjing 210013 P.R.China.
Phone: 86-25-83759015/83759030
Fax: 86-25-83759015
Web: http://www.jsstm.org.cn
Opening time: 9:00-16:30(Closed on Monday and Tuesday except holidays).
4D cinema showing: 10:30, 12:00, 13:15, 15:30 (Groups need book in advance).

南京科技馆

场馆概述

南京科技馆于2005年10月20日开馆，是一座集科技、人文、绿色、旅游为一体的科技主题公园，位于风景秀丽的花神湖畔，总占地面积约29.8万平方米。科技馆主体建筑呈椭圆形飞碟状，其设计灵感源自法国科幻小说《海底两万里》中的航行器。开馆5年多来，南京科技馆已接待游客170多万人，是全国科普教育基地、全国青少年素质教育基地、国家AAAA级旅游景区。

南京科技馆外景图

展厅规模

主体馆由常设展厅、非常设展厅、会议中心三个部分组成，总面积约3万平方米。南京科技馆突破传统的布展模式，以天、地、人为主线，划分为四个楼层；设置宇宙探秘、智慧主人、地球万象、儿童科技乐园、创造天地和公共安全六大主题展区。

展区里300余件展品有70%为互动性的，游客可以亲身体验科学带来的独特感受，亲身感悟科学的魅力和开发青少年智慧的潜能。在这里，游客能观赏到人形机器人的“千手观音”舞蹈和六足机器人表演；体验模拟驾驶、模拟飞行带来的刺激与欢乐；理解高压放电、怒发冲冠神奇现象背后的科学原理。

特色影院

南京科技馆拥有世界一流的IMAX球幕影院。这是一座半球形建筑，球幕直径21米，倾斜度30°，可容纳235位观众同时观看。放映时，电影放映机由升降机上升到影院中央的放映窗口，影像通过165°的鱼眼镜头将70毫米的影片放映到球幕上，画面清晰、稳定，覆盖率达85%以上。倾斜式的球形荧幕，让观众置身于影片画面之中，有一种在空中自由自在飘浮的感觉。

南京科技馆4D立体动感影院可容纳60位观众，各种立体特效动感电影将丰富的三维立体画面与风、水、电、光、味等特技效果融为一体，给观众以身临其境的感受。

科普活动

南京科技馆展品部自主研发的六足机器人舞蹈表演，员工自编自导自演的互动科普表演以及专门为小朋友提供的各式各样的手工制作、民俗表演等项活动，已成为南京科技馆的一大特色，广受好评。

主体馆内部全貌

南京科技馆科普大篷车工作部积极配合市科协、市科技局开展的“十进社区”活动，先后送科技进社区、进校园数十次，带去的互动小展品、机器人表演、科普实验及科普读物等，深受市民青睐。

南京科技馆以科普教育为载体，积极开发科普益智类旅游商品，有智力拼图、拼装玩具、纸偶、三维立体图书、外语智能点读笔、生物小化石等，培养青少年的创造力和动手能力。

场馆特色

南京科技馆作为未成年人的科普教育基地，为丰富科普展示内容，精心策划了许多科技活动。如“三八节，我请妈妈游科技馆”、“植树节，我与小树共成长”、“百米长卷，万人签名迎奥运”、“少儿军事科技夏令营”、“中秋节的哥的姐亲子游”、“世界各地新年风俗集锦展”、“科技圆梦想·和谐迎奥运”大型巡展、“67亿人的生存”系列科普展、“飞天壮歌——中国首次太空漫步航天展”、第一,二届海峡两岸大学生创意

园区淘气堡

设计（科普动漫）作品巡回展、“聆听华夏虎啸　解读大猫传奇”生肖特展、江苏省暨南京市全国科普日活动、南京市科普宣传周等多项大型展览和活动。

“飞天壮歌——中国首次太空漫步航天展”开幕式盛况

发展历程

南京科技馆始终坚持“科学普及以人为本 科学发展共建和谐”的理念，坚持社会公益性，通过开展大型科普活动、举办科普展览、组织科普大篷车进校园进社区等，为市民提供科普教育活动的平台，为全市科普工作的开展作出了积极贡献。南京科技馆一直很重视员工队伍建设，通过培训、考核、外出比赛等方式激励员工提高业务水平和综合素质。目前，展教部已荣获“南京市巾帼文明岗”称号，多名讲解员分别在全国科技馆辅导员大赛、南京市导游员大赛中获得优异成绩。

为保持展品的常展常新，南京科技馆先后于2008年9月、2010年 1月和7月改造了空间站、走进蓝牙、“偷天陷阱”等展品，新建了动感踩吧、虚拟拳击、动漫科技、虚拟实验室、神奇之光、微观世界等展品展项。2010年上半年更是成功研发六足机器人，又投资1800万元建设市民公共安全科普教育馆。一系列展品改造工作，为科技馆的科普展览增添了新的亮点，提升了展教水平，受到广大市民的喜爱。

基本信息

地　　址：南京市雨花台区紫荆花路9号
邮　　编：210012
电　　话：025-58076111
乘车路线：乘33，19，98路至紫荆花路（南京科技馆）站；84路至宁南小区站；86路至郁金香路站。

Nanjing Science and Technology Museum

Nanjing Science and Technology Museum is located at the Hua Shen Lake of southern Nanjing with beautiful scenery. It covers an area of 448 acreages and the main building's total area is about 3000 square meters. The museum, centered on the sky, the earth and the human beings, is divided into 4 floors with 5 theme exhibition areas that are Universe Exploration Hall, Wise Master Hall. Earth Phenomenon Hall, Children's Technology Paradise Hall, Creation Hall respectively. 70% of more than 300 exhibits on display is interactive.

Nanjing Science and Technology Museum has the world class IMAX Spherical Cinema, the inclined screen makes the audience blend into the picture with a floating feeling. 4D Dynamic Cinema shows kinds of three-dimensional action movies with visual effects. Three-dimensional picture integrates with wind, water, electronic, light and sapor as a whole, which makes audience be personally on the scene.

The park area of our museum is beautiful and quiet. In Wetland Park, different kinds of plants are too beautiful to be absorbed all at once; In tea garden, visitors apparently smell the fragrant of the teas. The nature landscape featuring ecological balance makes tourists linger here without any thought of leaving.

Add.: No.9, Redbud Rd., Yuhuatai District, Nanjing city, 21002, P.R. China.
Tel: 025-58076111
Transport:
Arrive at Redbud Road Station (Nanjing Science and Technology Museum) by No.19 bus ,No.33 bus and No.98 bus.
Arrive at Ningnan Community Station by No.84 bus.
Arrive at Tulip Road Station by No.86 bus.

无锡科学技术馆

场馆概述

无锡科学技术馆位于无锡博物院东区，是无锡市最大规模的综合类科普设施，展馆总面积1.7万平方米，总投资1.2亿元，包括科技展览与特效影院。

2009年10月，科技展览正式对公众开放。科技展览分为太湖与无锡、科技与生活、科技与探索、科技与无锡以及集成电路体验馆五大主题展区。在遵循科技馆建设基本规律的前提下，无锡科技馆展览内容从无锡本地特色出发，以环境、人文、科技以及产业为主题框架，通过故事线的方式进行演绎。科技陈展充分利用声、光、电、数码、多媒体等高技术展示手段，营造出良好参观氛围，观众在身临其境的参观体验中探究科学奥秘，弘扬科学精神，普及科学知识，传播科学思想与科学方法，提高了公众科学素养。特效影院剧场引进了国际高端影院设备，由球幕、4D和动感三个影院组成，于2008年10月建成开放。无锡科技馆还充分利用网络平台，开设科技馆网页，展示科技陈展，宣传和普及科学知识。

无锡博物院全景

展厅规模

无锡科技馆建筑面积为7600平方米，一至四层展区主题分别为“太湖与无锡”、“科技与生活”、“科技与探索”、“科技与无锡”，位于东区负一层的“集成电路体验馆”是目前全国最大的展示集成电路的科普体验馆。共设26个展区，180个展项，300余件展品。

“集成电路体验馆”主题展区一角

科技与探索生物技术展区一角

科技与无锡主题展区一角

特色影院

数字球幕影院，直径15米，有138个座位，4D影院有64个座位（含4个残疾人座位），动感影院有24个座位，都采用了国际高端影院设备。

科普活动

原无锡科普馆十余年来坚持开展各种科技教育活动，与13所学校创建“科技活动基地”，为学校提供优质服务，坚持送科普到校，每年定期举办科普免费讲座，给公众提供一个学习现代科学技术知识的场所。同时，作为全国首批试点单位的“科技馆活动进校园”活动也取得了较好的成绩，通过不定期举办免费科普讲座、播放科技影视资料片，向广大公众传播科学知识。科普馆的科技夏令营、科技冬令营等特色活动，更是受到了市民特别是青少年学生的积极响应。

自新馆建成以来，无锡科技馆始终坚持为公众科学素养服务的宗旨，充分利用场馆科普资源，面向公众尤其是广大青少年积极开展丰富多彩的科普教育活动。在“体验科技 拥抱世博”、“文化小使者”和“天文一百小时”等系列青少年科普活动中，通过科普趣味讲座，科普知识问答、亲身参与体会等互动环节，丰富了同学们的课余生活，激发了他们“爱科学、学科学、用科学”的浓厚兴趣，社会反应良好。

场馆特色

无锡科技馆的集成电路体验馆独具特色，展区面积约1600平方米，总投资逾千万元，于2009年5月建成开放。设有微电子产业链区、微电子发展历史区、微电子多媒体应用区、智能交通体验区、智能家居体验区、宇航及信息安全体验区、未来微电子发展预测区、无锡微电子产业区等展区，通过环幕影院、三维立体、幻影成像等高科技手段为观众打开了探究集成电路奥秘的窗口。

体验馆注重高科技氛围的营造，无论从形式表达、内容设计、展品设置到展示手段都有创新之处，达到了夺人眼球的效果。作为科技类专题场馆，集成电路体验馆的建成开放在普及集成电路技术知识，培养青少年科技兴趣，展示IC技术发展前景等方面起到了积极的作用。

发展历程

无锡科技馆前身是无锡科普馆，新馆于2008年10月与无锡博物馆、无锡革命陈列馆“三馆合一”组建成无锡博物院。它作为无锡市社会事业重点建设工程，得到了市委、市政府的高度重视，社会各界以及广大市民对于这座展现无锡山水文化名城和凸现文化、科技大市风采的标志性建筑也给予了广泛的关注。

2009年10月，无锡科技馆新馆正式向公众开放，至今已接待青少年学生十万余人次。科技馆以鲜明的地方特色和新颖的布展理念得到了各界人士的一致好评。开馆以来，科技馆充分发挥资源优势，特别针对青少年开展了“感知前沿”系列科技体验活动，形成科技活动品牌。无锡科技馆遵循“以人为本，观众至上”的原则，注重管理和服务，各项工作不断推进和完善，力求为公众呈现国内一流的科技馆。

基本信息

地　　址：江苏省无锡市太湖广场南侧钟书路100号
邮　　编：214023
电　　话：0510-85727500/85727600
网　　址：www.wxmuseum.com
开馆时间：每周二至周日9:00～17:00（16:00后停止入场，周一闭馆，法定节假日和特殊情况除外）

Wuxi Science and Technology Museum

Wuxi Science and Technology Museum is located in the east of Wuxi Museum. With the total investment of RMB 120 million, it is a comprehensive science and technology popularization place with the largest scale in Wuxi, including science and technology exhibitions and theaters with special effects.

There are three theaters with special effects: 4D Theater, Dome Theater and Simulation Theater. And they were opened to the public in October 2008.

Covering an area of 17,000 square meters, Wuxi Science and Technology Museum consists of five floors which are divided into 5 thematic exhibition halls, including Taihu Lake and Wuxi, Sci-tech and Life, Sci-tech and Exploration, Sci-tech and Wuxi, and Integrated Circuit Experience Museum.

With high-tech exhibition means, Wuxi Science and Technology Museum created a fine atmosphere, from which the visitors may get a lot of information and probe the mystery of science and technology, and spread the scientific ideas to promote scientific qualities of the public. So far, it has received more than 100 thousand teenage students, which greatly promote its science education, science traveling functions and widely won social confirm and compliments. Meanwhile, the website of Wuxi Science and Technology has provided the visitors with the exhibition previews and the latest scientific information.

Address: No.100 Zhongshu Rd. Tai Hu Squre, Wuxi, Jiangsu, China
Postcode: 214023
Phone: 86-510-85727500/85727600 Fax: 86-510-85727608
Web: www.wxmuseum.com

Opening time: 9:00-17:00 No entry after 16:00 (Closed on Monday except for public holidays and special occasions)

南通科技馆

场馆概述

南通位于江苏省的东南部，与国际大都市上海隔江相望，由创造四个世界第一的苏通大桥连接经济发达的苏南地区。南通民风淳朴，南通人勤劳、智慧，南通素有崇川福地，江海明珠扬子第一窗口之美誉。

南通科技馆

南通科技馆于2001年8月8日作为江苏省第一家地市级科技馆正式对外开放，系三类纯公益性事业单位，财政全额拨款。设馆长室、办公室、外联部、研发部、培训部、服务部、工程部七个职能科室。南通科技馆的努力工作得到了社会的充分肯定，被认定为“江苏省科普教育示范基地”、“江苏省环境教育示范基地”、“南通市未成年人思想道德建设示范基地”、“首批省级青少年校外活动示范基地”，“全国青少年素质教育基地”、“全国机器人教育培训中心”、“全国科普教育基地”。时任教育部副部长王湛、中国科协书记处书记程东红、江苏省科协党组书记（常务副主席）徐耀新、时任中国科技馆馆长王渝生、中科院院士吴慰祖、杨锦宗等领导和著名科学家先后前来视察并给予了高度评价。

展厅规模

南通科技馆常设展厅面积为3000多平方米，分为力学、磁电、光学、数学、消防、信息技术、环保、动手园区、少儿电子阅览室、机器人工作室、科普表演剧等几个展区。其中大部分展品均可动手操作，更好地发挥科普场馆公益性基础设施的作用，展厅从2010年8月25日起开始向未成年人免费开放。

科普活动

南通科技馆在办好常规展览的同时，还注重举办好专题展览。开馆以来举办了大型高科技仿真恐龙展、百年航空回顾展、中国古代数学展、大型野生动物标本展、世纪辉煌——诺贝尔科学奖百年回顾展、科学发展观与循环经济——人与自然和谐发展、台湾原生稀有动植物展、“飞向太空”神舟航天展、给我一双慧眼专题展、“我的奥运、机器人的奥运”专题展、奥运福娃欢乐广场行等大型展览活动。

南通科技馆加强与学校的合作，将科学普及融入学校教学中去。为学校承办科技运动会，将专题展览、科普表演剧、劳技课等送到学校，举办各类科技夏令营，促进了校外科技活动与学校科学教育的有效衔接。

鲁班坊动手园区

举办“保护海洋环境，拯救濒危动物”专题展

“南通科技馆杯”第5届全国青少年教育机器人奥林匹克竞赛暨第18届ROBO-ONE国际机器人竞赛全国选拔赛现场

场馆特色

南通科技馆利用南通消防支队的资源，建成消防展厅，对在公众中普及消防知识、强化消防意识、消除消防隐患起到积极作用。与市环保局联合建成了环保展厅，该展厅着重展出了南通古代的护城河——濠河及周边绿化带的模型，引导培养市民爱护母亲河，热爱关心美丽家乡的自觉意识。

南通科技馆的机器人活动也很具特色。具有投资百万元设施的专业工作室，南通科技馆从2006年起每年组队并参加全国机器人选拔赛，并每年都入选中国代表队，参加国际机器人奥林匹克竞赛，均取得良好的成绩。

发展历程

南通科技馆坚持公益服务，通过举办科普讲座，组织科技竞赛等科技活动，弘扬科学精神、普及科学知识、传播科学方法、倡导精神文明，已成为广大市民尤其是青少年学生学习知识、更新知识，体验科学、感受科学的好去处，成为南通市科普宣传主阵地，未成年人思想道德建设新亮点，并在全国率先成立了大学生科普志愿者服务团，成为南通市部分省级重点中（小）学、中等专业学校、西藏民族学校及社区的科普教育基地。

消防展厅一角

南通科技馆的蓬勃发展得益于社会各界的关心和重视，我们期待全社会给予更大的关注和支持，为科普教育事业，为构筑和谐社会贡献力量。

基本信息

地　　址： 江苏省南通市青年西路8号
邮　　编： 226006
电　　话： 0513–83519979
0513–83519581
传　　真： 0513–83509935
开馆时间： 9:00 ~ 17:00（周一、二闭馆，节假日照常开放）

Nantong Science and Technology Museum

Nantong Science and Technology Museum, a public welfare institution, officially opened on August 8th, 2001 as the first prefectural Science and Technology in Jiangsu Province. The exhibit gallery is divided into different sections– Mechanics, Magnetics,Optics,Mathematics, Firefighting, IT, Environmental Preservation, DIY district, Children's Electronic Reading Room, Robot Shop and Popular Science Show.

NTSTM upholds the principle of public service, promoting spirit of science and popularizes scientific knowledge and methodology by holding lectures on popular science and science-related contests. As the home of students for knowledge learning, updating and experiencing, NTSTM has become a new bright spot for ideological and moral construction and also established education base in elementary school and high schools.

The museum has received wide acceptance form the society and has been honored with “Popular science education bases in Jiangsu Province”, “Environmental Education Demonstration Base of Jiangsu Province”, “Nantong City, ideological and moral construction of demonstration bases”, “the first provincial school activities for youth demonstration base”, “National Youth Quality Education Base”, “National Robotics Education and Training Center”, “National Science Education Base”.

The prospect of NTSTM benefits from concerns of the whole society. We are to look forward to more support form the public to make more contributions to popular science education and harmonious society.

Address: No.8 Qingnian Rd(w) Nantong city of jiangsu provicnce, 226006 P.R.China.
Phone: 86-513-83519979/83519581.
Fax: 86-513-83509935.
Opening time: 9:00-17:00 (Closed on Monday and Tuesday except holidays).

盐城市科技馆

场馆概述

盐城市科技馆是盐城市人民政府投资兴建的公益性科普教育基础设施，是弘扬科学精神、普及科学知识、传播科学思想和科学方法，并集学习科普知识和娱乐为一体的科技文化场所。

盐城市科技馆

盐城科技馆坐落于市行政中心的东南角，占地面积50600平方米，建筑面积28000平方米，地上4层，地下1层，总高度24米。俯视整个建筑，造型犹如一把可以打开科技迷宫的钥匙。

盐城市科技馆以“体验科学，感悟科学，和谐发展”为宗旨，融展示与参与、教育与科研、合作与交流、休闲与旅游于一体，以学科综合的手段及寓教于乐的方式，让观众在赏心悦目的体验活动中，接受现代科技知识的教育和科学精神的熏陶。

展厅规模

盐城科技馆分为常设展区、临时展区、培训区域和特种影视区4个区域。

奇幻的眼睛

常设展区共8210平方米，由“科学与发现”、“技术与创新”、“科技与社会”、“儿童科技乐园”、“湿地与海洋”5个展区150余件展品展项组成，以青少年科技兴趣培养和科技展示为主要内容。利用高科技展品的展示、讲解和动手参与等多种方式对青少年进行科普教育。

序厅净层高17.8米，抬头向上看，这个伸展着16根触角，变幻着16个眼球的便是序厅标志性展项——奇幻的眼睛，现代社会日新月异，令我们应接不暇，我们要多一些眼睛看世界，把科学的触角延伸到社会生活的每个领域。

◎ 儿童科技乐园

通过互动展项让孩子在游戏中感知世界，体验科学。展品展项根据孩子的身心特点和年龄层次各有偏重，主要有翻斗乐园、科学迷宫、水世界、模拟驾驶、小小设计师、烟雾逃生走廊、消防常识、正确选择灭火器、水枪灭火、虚拟捕鱼、如影随形、欢乐坞、拍蝴蝶、陶艺手工坊、微型机械加工、挑战惊奇科普剧场等20多个展品展项。

儿童科技乐园

◎ 湿地与海洋

湿地与海洋展厅

盐城素有“东方湿地之都”之称，湿地与海洋展厅通过场景营造、多媒体展示、标本陈列等多种形式，演绎了盐城丰厚的湿地文化。展厅浓缩了两个保护区的特色，将远离人们生活的自然风光拉到城市当中。向观众展示盐城特有的沿海滩涂、湖泊和河流三种湿地兼备的自然风光和奥秘，突出“仙鹤神鹿世界，东方湿地之都”的独特风貌，增强人们对美好环境的向往。

◎ 技术与创新

此展厅集中反映了以计算机技术为核心的高新技术，包括多媒体技术、机电一体化技术、通讯技术、虚拟现实技术等，给观众以强烈的视觉冲击和切身体验。主要展品展项有跳舞机器人、驯狗、动画配音、虚拟足球、虚拟射击、与主持人对话、数字实验室、传感器家族、机器小狗、悬浮磁球、龟兔赛跑、狮口脱险、激光加工中心等30多件。

技术与创新展厅

◎ 科技与社会

此展厅主要介绍科学技术对社会和谐发展的促进作用。主要展品展项有错觉墙、倾斜小屋、垃圾分类、家居节能照明、光能小汽车、节能玻璃、健康宝典、血型与遗传、科学餐厅、人体体能综合测试、会飞的碗、台风体验、龙卷风的形成等20多件。

◎ 科学与发现

此展厅主要反映以声学、力学、数学、光学、电磁学等经典物理学为主的基础科学的内容。主要展品展项有全息音响、声聚焦、光学转盘、穿墙而过、奇幻镜世界、万丈深渊、隐身人、静电转轮、越转越快、自己拉自己、滚球、锥体上滚等20多件。

特色影院

盐城科技馆有4D动感立体影院和数字穹幕影院。

4D动感影院是国内最先进的立体影院，是由三维立体电影和周围环境模拟组成的四维空间。逼真的5.1声道环绕音响，通过控制系统的协调与影片同步运行，完成4D座椅的振动、升降、刮风、喷水、飘雪、拍打等特技。这些现场特技效果和立体画面与剧情紧密结合，在视觉和身体体验上给观众带来全新的娱乐效果，犹如身临其境，紧张刺激。

穹幕影院采用美国益世公司提供的放映系统。该系统拥有多项先进的技术专利，是目前世界上最先进、知名度最高的数码球幕影院放映系统。在同一光源下，画面清晰度最高，图像最稳定。置身于影院中，可以尽情体验全角度视觉和听觉上非凡的冲击和震撼。

基本信息

电　　话：0515-88197288/89960098

传　　真：0515-88197288

网　　址：http://www.ycskjg.org.cn

邮　　编：224005

乘车路线：18路，快速2路可到达

Yancheng Sci-tech museum

Yancheng Science and Technology Museum is the public education infrastructure for science popularization invested by Yancheng Government which is located on the southeast of Yancheng municipal administrative center. It is a 24-meter-high building with four stories and one basement covering an area of 76 mu and a floor space of 28,000 square meters.

The theme exhibition hall covers 8210 square meters, consists of five exhibition halls which are Science and Discovery, Technology and Innovation, Technology and Society, Children's Science Land, Wetland and Ocean. The theme of the exhibition hall and more than 150 pieces of exhibits is to show high and new technology to children and cultivate their interest in science and technology by visiting, interpreting and participating throughout the visit.

The special purpose theater area of Yancheng Science and Technology Museum consists of two parts: 4D Theater and Dome Theater.

Address: No.7 Renmin Road, Yan Cheng City, Jiang su, 224005. P.R. Chia
Tel: 0515-88197288 89960098
Fax: 0515-88197288
Web: http://www.ycskjg.org.cn
Transportion: No.18 Bus, BRT 2

浙江省科技馆

场馆概述

浙江省科技馆新馆是目前浙江省内最大的综合性科技场馆。浙江省科技馆新馆位于杭州市中心西湖文化广场，整体建筑以西南角巨型球体为标志，总建筑面积30452平方米。浙江省科技馆老馆成立于1991年1月，2002年5月省政府作出择地新建浙江省科技馆并将新馆建设列入省重点工程西湖文化广场总体规划的重大决策，2009年7月，浙江省科技馆新馆对外开放。开馆近20年来，浙江省科技馆开展了一系列形式多样、内容丰富的科普宣传与教育活动，得到了省委、省政府领导的充分肯定和广大市民特别是青少年朋友的广泛好评，被中国科协、科技部、中宣部等国家有关部门命名为“全国科普教育基地”、“全国青少年科技教育基地”。

浙江省科技馆外景

展厅规模

浙江省科技馆共设有10个常设展区，100多个展项、300多个单件展品，分四层设置。其中一层以“人与自然”为主线，以宇宙、地球、海洋为主题，让观众成为科学考察队的一员而巡回于各展区，了解接触引导人类社会发展的科学技术；二层以“人与科技”为主线，以材料技术、信息技术、生物技术、能源技术、机器人技术等各种科学技术为切入口，展示了最新的科技成就、动向和未来；三层以“科学乐园”为主线，设置基础科学展区和少儿科技园，为孩子们开启通向科学之门，指明走向科学之路，寓教于乐，让孩子们从小向往科学，热爱科学；四层设有院士展区。场馆内的中医展项、化学展项在国内科技馆属于首创展项，能源剧场、量子论剧场、行走机器人、微软技术工作室等展项将尖端科技成就与现代展示技术巧妙结合，运动场、迷宫、台风体验成为孩子们最热衷的场所。

中医展区

特色影院

4D特效影院（88座），位于一层大厅内。该影院配置了最先进的数码放映设备和具有十余种特效功能的特效座椅系统。影院内有专门为浙江省科技馆量身定做的4D影片《钱江探宝记》，它巧妙地把钱塘江的有关景点及人文历史结合起来。观众坐在动感的座椅上，跟随剧中主角一起沿江而下，穿越时空，情节曲折，险象环生。期间穿插环境喷水、刮风、下雨、气泡以及座椅晃动等特效功能，更是引人入胜。

沉浸式影院（97座），在科技馆标志性建筑——直径30米的巨型球体建筑内，该影院综合考虑了观众体验和投资因素，选用了投资远低于国内科技馆常用的IMAX球幕影院系统的美国spitz沉浸式影院设备。其特制的沉浸式银幕，让观众的视野完全被画面所笼罩，体验球幕影院带来的身临其境的感觉。

科普活动

浙江省科技馆依托常设展厅资源、特效影视、信息网络及社会相关科普资源，着力开展让公众参与其中，对科学情境、科学现象、科学概念等有更深了解的一系列科普教育活动。在常设展厅，开展科普辅导员辅导、导览及演示等活动，并在寒暑假期间组织面向学生的各类主题活动。扩展教育活动包括在展厅开展科学表演、DIY乐园活动，利用科普报告厅举行科学会客厅活动，利用浙江省科技馆网站开展网上科技馆活动等。利用国际学术交流厅、浙江院士厅、科普演播室、青少年培训实验工作室等一系列科普宣传教育配套设施，开展相关的培训教育活动。浙江省科技馆还积极开展科普巡展活动，从1998年以来，省科技馆共推出7个系列的巡回展览，赴省内外50多个城市展出，累计观众接近100万人次。

运动场里的平衡木

在虚拟实验室做功课

场馆特色

浙江省科技馆有中医和化学两个国内首创展项。中医学是我国的传统医学，包括阴阳、五行、脏腑、经络等基础理论，以及望、闻、问、切的诊病方法和中药、针灸、推拿等医疗技术。本展区通过展示中医四诊中的望诊、问诊、切诊的特色诊断过程，让观众亲身体验中医中药、针灸、推拿疗法，以了解中医、感知中医和体验中医。化学展区是为填补国内科技馆这一展项的空缺而特别创建的，主要是通过模型和实物状态展现化学反应的流程及化学在日常生活中的应用。如可动手操作了解在不同温度不同工艺下元素材料所体现的化学反应，关于氢能源的应用、大气排放的化学作用、部分化学方程式的实体演示等，化学展区提供了学校实验室不能完全提供的多样化的化学世界。

浙江省科技馆在尖端科技成就与现代展示技术结合方面的科普展项上有独特的内涵。能源剧场、量子论剧场、行走机器人、微软工作室等，都植入了寓教于乐的科普元素。能源剧场采用流处理方式，为游客提供更为自由的参与空间。整个剧场由四个表演区域构成，突破了既往单一样式视频播放的常规，多样化地利用各表演区域，通过纱幕投影、互动模型、MAGIC VISION、视频播放和环绕式影像等形式，渐进式地描绘了人类开发、利用各种能源的发展长卷。量子论剧场聚集舞台、模型、幻影成像、真人表演、动感装饰、互动装置等元素，构成了一个大型的梦幻式表演剧场，让观众在亦真亦幻中领略量子微观世界。微软工作室则精选了微软亚洲研究院的最新研究成果中与人们生活、工作密切相关的技术，让观众体验微软新技术对工作生活带来的便捷、效率和惊喜，该展区内容还不定期进行更新。

运动场、迷宫和台风体验是少年儿童最热衷的场所。运动场包含15米跑、篮球投篮、反射神经、跳跃力、拉绳、足球射门、跳远、平衡木等多个运动；迷宫则是要答对问题才能通过，迷宫的每个房间内都有3扇门，门有真的门和假的门，只有答对真的门边的显示器上的问题，才能打开门通过一个迷宫房间，答对全部问题才能走出迷宫；台风是浙江的一大特色气象，这一展项模拟体验装置，让观众体验台风过境的过程。

发展历程

浙江省科技馆作为以青少年为主、面向全民的科普教育基地和政府投资的公益性科普单位，建馆开放近20年来，坚持正确办馆方向，努力办好科普展览，已成为浙江省科普工作的重要阵地，为全面提高浙江省公众科学素养作出了积极贡献。在老馆时期，通过自主动手研制常设科普展品和积极引进、承办国内外优秀科普展览等方式，坚持和保证了常年对外开放，与此同时，还大力挖掘展教资源，积极开展科普巡展，进一步拓宽了科普宣传的教育面，仅1998以来，共推出7个系列的巡回展览，赴省内50多个城市展出，累计观众达85万人次。2009年新馆开馆后，浙江省科技馆积极关注时代发展和社会变革的动向，了解各类人群的科学需求，有针对性地拓展教育功能，强化服务能力，让观众有启发、有启迪、有收获，最大限度提高观众体验满意度，新馆开馆一年来，接待观众近百万人次。

浙江省科技馆十分重视国际国内同行间的馆际交流和学习。国际交流方面，早在2002年，浙江省科技馆就邀请德意志博物馆馆长弗赫迈博士、美国旧金山探索馆展览部部长理查德先生来杭，为筹建新馆进行咨询与交流；在新馆建成的2009年，组织召开了“全国科技馆创新与发展研讨会”，邀请日本科学未来馆常务副馆长中岛义和与美国新泽西自由科技馆幼儿教育课程部主任罗萨卡·特拉来馆，并进行了学术交流。浙江省科技馆也积极开展国内科技馆之间的学习交流，在新馆建设时期及建成开馆以后，与中国科技馆、上海科技馆及其他省市馆展开了广泛和深入的馆际交流。

浙江省科技馆还是中国科协科普部展品研制基地之一。建馆以来，依靠自身研发力量，研发制作了大量互动型的科普展品，包括力学、机械、声学、光学、电磁学、数学等一系列的经典展品，除了在馆内展览外，还大批投放在省内外的巡回展览中。2009年新馆开放以来，展品展项研发队伍得到了加强，目前已在考虑策划增加科学前沿的高新技术及经典基础理论的相关展项。

基本信息

地　　址：浙江省杭州市西湖文化广场A区
邮　　编：3100014
电　　话：0571-85177792/85090509
传　　真：0571-85107191
网　　址：www.zjstm.org
开馆时间：9:00～16:30（周一、二闭馆，节假日照常开放，每日限售门票3000张）

Zhejiang Science and Technology Museum

Zhejiang Science and Technology Museum is located on the West Lake Culture Plaza in the center of Hangzhou. It covers an area of 30,000 square meters, and is the biggest integrated science and technology base, which serves for the purpose of education, research, leisure traveling, cooperation, communication, collection and production.

Zhejiang Science and Technology Museum currently has been opened 10 thematic exhibition halls to the public. They are: basic science principles, life sciences, environment sciences, material sciences, space navigation technology, and information sciences.

Apart from the above-listed, there are IMAX Dome Theater (97 seats), IMAX 4D Theater (88 seats), Science Report Hall (330 seats) and International Academic Communication Hall (3 sets of simultaneous interpretation machine and 90 seats), Science TV Studio, Teen-agers' training and experiment classrooms and Academicians Gallery showing off contemporary scientists of Zhejiang. It aims at providing visitors opportunities of gaining science technology knowledge and spirits. Besides these, Zhejiang Science and Technology Museum will offer meeting services for public.

Address: No. 2 West Lake Culture Plaza,hangzhou310014,Zhejiang

Phone: 86-571-85090509/85177792

Fax:86-571-85107191

Web: http://www.zjstm.org

Opening time: 9:00–16:30 (Closed on Monday and Tuesday except holidays, 3000 tickets per day for only)

杭州市科技交流馆

场馆概述

杭州市科技交流馆、杭州市科技工作者活动中心系杭州市科学技术协会直属事业单位。杭州市科技交流馆组建于1983年，2007年9月增挂“杭州市科技工作者活动中心”牌子，馆址位于杭州市最繁华的延安路中段，是浙江省最早的科普场馆之一。

杭州市科技交流馆

展厅规模

场馆大楼建筑面积4000平方米，2007年10月装饰后重新开放。大楼共三层，其中一、二层为展览展示大厅，一层可举办各类科普展览和为企事业单位提供科技成果展示；二层为未成年人科普教育基地和中小学生第二课堂，是对学生进行素质教育的重要场所；三层为可容纳200人的学术报告厅和可容纳150人的多功能厅以及小型会议室、数字化阅览室和科技资料阅览室（筹备中）等先进的附属设施，是为广大科技工作者提供科技交流和学习的重要平台。

主要职能

杭州市科技交流馆、杭州市科技工作者活动中心的主要职能为：

1. 科学知识的普及和推广，对未成年人进行科普教育活动，提高市民科学文化素养，为打造生活品质之城服务。

2. 举办科技成果展览和展示，为科技成果转化为生产力提供交流合作平台。

3. 组织科技交流，推广先进技术，开展科技服务；发挥科技人员集体力量，为社会和经济事业发展提供强有力的智力支持。

4. 开展各项科技人员继续教育和职工技术培训。

5. 开展科普宣教产品的设计研发和编辑制作，为杭州市科普展示场所、企事业单位和社区等提供各类科普产品。

近年来，杭州市科技交流馆、杭州市科技工作者活动中心在杭州市科学技术协会的领导下，以科学发展观统领各项工作，紧密围绕“科教兴国”战略、人才战略和可持续发展战略，为打造杭州“生活品质之城”服务、为科技创新服务。杭州市科技交流馆、杭州市科技工作者活动中心已经打造成为科技人员进行交流学习的平台，市民和未成年人学习科学知识的窗口。

科普活动

2007年10月举办的“百年诺贝尔科学奖”主题展

至今，杭州市科技交流馆、杭州市科技工作者活动中心已经成功地举办了“百年诺贝尔科学奖”主题展、“阿尔伯特·爱因斯坦——世纪风云人物展”、“科普圆梦想·和谐迎奥运——大型奥运科普互动体验展”、“国防科技知识展”、“低碳生活，节能减排——主题科普展”和“大师情怀——钱学森与展览学”等各种大型科普展览几十场；创建的大型科普品牌活动项目“杭州科学大讲堂”已经举办了由何祚庥院士主讲的《人类即将迎接可再生能源时代》、陈云泰院士主讲的《汶川大地震解读》、万承奎教授主讲的《送你五把打开健康之门的金钥匙》、王海民教授主讲的《太阳爆发对空间环境与人类的影响》、张孚允研究员主讲的《野生动物是人类生存不可少的伙伴》和王渝生博士主讲的《孩子是天生的科学家》等专题科普讲座30多场，受众市民数万人。另外，组织的“科技馆活动进校园”、“科技馆活动进县区”等活动多次获得中国科协的表彰和肯定；组织的“杭州市社区科普讲师团”深入社区、企业和学校举行科普讲座上千场，深受广大市民的青睐和欢迎；开设的“科普互动展具探究区”吸引了全国各地的青少年学生前来参观、体验。

2008年4月举办的“科普圆梦想，和谐迎奥运——大型奥运科普互动体验展”

2009年11月举办的“国防科技知识展”

未来展望

今后，杭州市科技交流馆、杭州市科技工作者活动中心将与时俱进，开拓创新，继续以开展科普教育活动和为科技人员服务为己任，传播科学知识，弘扬科学思想，倡导科学精神，架起为广大老百姓传授科学知识的桥梁，织起为科技工作者提供交流服务的纽带。

杭州市科技交流馆、杭州市科技工作者活动中心真诚地欢迎社会各界前来参观、交流和指导。

基本信息

地　　址：杭州市延安路489号　　**邮　　编：**310006

电　　话：0571-85158463　　**传　　真：**0571-85158463

电子邮箱：wed@hzjlg.com

乘车路线：K95路大站车，K900路大站车，270/K270，J1，J12，Y1，Y8，13/K13，151/K151，290/K290，355/K355，K56，K95，801/K801，K105，K106，K517/K517（区间），K55，K900，K201，K216，K219，K221，K251（区间），K251，K188延安新村站下

Hangzhou Science and Technology Exchanged Museum

The Science and Technology Exchanged Museum, and the Organization Center for Scientists and Technological Practitioners belong to the Organization of Science and Technology, Hangzhou, directly, for the public services. The Science and Technology Exchanged Museum was founded in 1983, and obtained the title of "Organization Center for Scientists and Technological Workers" in September 2007. Located in the middle way of Yan'an Load that is the most modern and flourishing district, The Science and Technology Exchanged Museum is one of the earliest science and technology museums that were established in Zhejiang province.

In October 2007, the museum was opened again after refashioning, with the construction area of 4,000 m^2. Its Main building contains three floors. The first and second level is exhibition hall. The first floor would be designed for all varieties of exhibition for science and technology achievements, which was accomplished by companies, cooperations and government. The second floor would be designed for education fundamental and student's off-campus classes, which is a meaningful educational environment for teenagers, elementary and high school students. The third floor, as a platform that supply for every science and technology practitioner, offers excellent opportunity of academic conversation. It was equiped with advanced accessory equipments, such as 200-person academic report room, 15-person multi-usage room, meeting room, digital library and technology achieve library (preparing).

The crucial responsibilities of the Science and Technology Exchanged Museum, and the Organization Center for Scientists and Technological Practitioners are:

I. Popularize the science and technology for teenagers and students, enhance the technical and culture knowledge of civilians, and serve for contribution of our well life-quality city.

II. Hold exhibitions of technology achievements, supply a conversational platform for convert technology achievements to real products.

III. Organize conversations, popularize advanced technologies and technology service; Support for the social economics and social development by exerting the intelligence of technological workers.

IV. Supply opportunities for continuing education and career technology training.

V. Service for the design, development and edition of technology public products, and supply technology public products for technology museums, enterprises and public institutions and communities in the city of Hangzhou.

The Science and Technology Exchanged Museum, and the Organization Center for Scientists and Technological Practitioners sincerely welcome all sectors of the community to visit, research, conversation and instruction.

Address: No. 489 Yan'an Load, Hangzhou, 310006 P.R.Chima.
Telephone: 0571-85158463
E-mail: web@hzjlg.com
Buses: K95 express, K900 express, 270/K270, J1, J12, Y1, Y8, 13/K13, 151/K151, 290/K290 , 355/K355, K56, K95, 801/K801, K105, K106, K517/K517(District), K55, K900, K201, K216, K219, K221, K251(District), K251, K188 Terminal at: Yan'anxincun

嘉兴市科技馆

场馆概述

嘉兴市科技馆外观

嘉兴市科技馆是嘉兴市人民政府委托市科协建设管理的精神文明建设基地，位于市经济开发区内，占地面积10000平方米，建筑面积760平方米，于1997年9月正式对外开放。自建成开放以来，始终坚持公益性办馆方向，面向公众尤其是青少年，举办和开展各类科普展览与科技活动，年参观人数均在15万人次左右，受到社会各界的好评。先后获得全国科普示范馆、全国科普教育基地、全国科普工作先进集体、全国首批防震减灾科普教育基地、嘉兴市先进集体、嘉兴市文明单位等荣誉。

展览教育

科技馆常设展厅全景

嘉兴市科技馆现有展区面积2500平方米，目前展厅分为地震科普、节能环保、航天航空、生命科学、数学等展区，互动展品100多项（件）。展品陈列、展区布展注重知识性与趣味性结合，以互动式展品为主，图版实物为辅，让观众在动手动脑中体验科学魅力。

为了提高展览效果，科技馆着重从丰富展览内容和创新展览形式两方面入手。坚持以常设展览与引进制作临时展览相结合的方式，每年重大节假日引进或制作专题展览，同时在节假日还组织开展各类互动参与的科普实验，以丰富展览内容。根据基层实际需要，创新展览形式，通过流动科技馆下基层的形式，坚持常年送展品深入社区、学校和农村，先后开展了“科技活动进民工子弟学校”、“科技馆活动进校园”、“科技创新活动走进社区”等系列活动，每年下基层次数都保持在20次以上。拓展和延伸了科技馆的教育功能。

科技活动

作为嘉兴市青少年科技活动中心，嘉兴市科技馆积极组织开展各类青少年科技活动，主要包括：全市性的科技创新、三模、机器人、信息学等各类科技比赛的组织工作；组织开展科技夏令营、头脑奥林匹克等科技活动；组织开展科技辅导员的继续教育等工作，2007年又牵头成立了嘉兴市少年科学院，不断提高全市青少年科技活动的层次和水平。

科普小实验

专题科普展览

展品研发

嘉兴市科技馆始终重视展品研发能力的提高，通过多种途径，在实践中锻炼培养了一批科技展品研发制作的专业人才，目前全馆现有的200余件展品中自制展品近100件，并先后承接外馆展品制作任务近百项。制作工艺已从一开始的模仿复制，到现在的独立创新研制，提升了嘉兴科技馆科技展品的自主研发制作能力，展品多次在中国科协等单位组织的全国性科普展品展评中获奖。自行设计制作的“地震展区”被确定为首批全国防震减灾科普教育基地。2006年7月，经上级主管部门批准，又正式成立了嘉兴市科技展品研发中心，经过几年的建设，研发中心已具备自行整体设计、制作科普专业展区、展馆的能力。在地震、社区等科普场馆和展品的设计制作中具有丰富的经验和鲜明的特色。

培训教育

以嘉兴市科技创造学校和嘉兴市科技干部培训中心为依托，组织开展青少年培训和成人教育，培训内容特色明显，取得了一定的社会效益和经济效益，在一定程度上弥补了科技馆办馆经费的不足。近几年来，每年青少年科技培训保持在4000人次左右。并与多所院校合作，开办成人学历教育与非学历教育等培训班。

基本信息

网　　站：www.jxkjg.com
地　　址：嘉兴市友谊街489号
交　　通：公交2号线
联系电话：0573-82110998
传　　真：0573-82111048

Jiaxing Science and Technology Museum

Jiaxing Science Museum, which covers the area of 10000 square meters, was built up and opened in September 1997. The area of the Exhibition Hall in it is 2500 square meters. Many permanent exhibition areas, such as Seismic Scientific area, Environmental Protection and Energy Conservation area, Maths area, Aerospace area, Nuclear Power area etc are over there. There are over 100 exhibits.

Since the opening of Jiaxing Science Museum, it always adheres to the direction of the public welfare. The adolescent students are the major service objects. Education through exhibition, adolescent technology activity, exhibit development , Education through training etc are well held there, which receives the favorable comments of the society.

Website:http://www.jxkjg.com
Address: No.489 Youyi Street Jiaxing
Bus service:No.2 Bus
Tel: 0573-82110998
Fax: 0573-82111048

绍兴科技馆

场馆概述

绍兴科技馆是浙江省首家科技馆，1989年底建成并对外开放。全馆占地9000平方米，建筑面积为3482米。绍兴科技馆充分挖掘科普教育资源和自身网络建设，经常性举办新型优质的科普展览，年均举办展览10个，年均观众量在15万人次以上，截至目前已举办各类科普展览100多期，观众120万人次，取得了良好的社会效益。

绍兴科技馆

场馆特色

绍兴科技馆作为科普教育的重要设施，担负对青少年进行科学文化素质教育和社会公众进行终身教育的重任，积极传播科学知识、科学方法、科学思想，努力做好科普展教工作。

馆内开辟3D立体影院、计算机虚拟技术厅、科学与探索常设展厅、全息音响厅以及科普报告厅等，科普场馆全年对外免费开放，每年举办多个大型科普展览和经常性的流动科普展览。在上级主管部门和市财政、市教育部门的重视支持下，2008年5月起绍兴科技馆对市民免费开放，最大限度地发挥科技馆的公共教育功能。

科普活动

主动上门做好科普服务工作。2001年以来绍兴科技馆工作人员跑遍市区及绍兴县150多所中小学校，每年发放科普宣传资料25万份以上，还向100余所幼儿园小朋友免费赠送科普展览参观券，深受幼儿园师生和家长欢迎。为了方便学校师生和偏远地区居民参观，绍兴科技馆投入资金引进“科普大篷车”，将科普图片和互动展品送到各个学校社区展出。“流动科技馆”建成以来，上山下乡，走遍了绍兴的东西南北，到2010年8月底到学校巡展数达210次，受益人群达30万多人次。

科普大篷车展项深受学生喜爱

青少年活动现场，争分夺秒地组装起各自的“战机”

2006年开始，绍兴科技馆与台湾自然科学博物馆共同举办一年一期的海峡两岸中学生科技文化夏令营活动。利用暑期轮流组织青少年学生参加青少年科技文化夏令营活动，促进了两岸科技文化教育合作，推动两岸青少年学生相互了解、相互交流与学习。2007年海峡两岸中学生科技文化夏令营活动被绍兴市文化强市建设领导小组授予市文化强市建设优秀文化活动品牌。

在青少年科技创新教育方面，绍兴科技馆围绕提高青少年的科技创新能力，着重抓好高素质科技辅导教师队伍建设。每年举办市青少年科技创新大赛、青少年信息学奥林匹克竞赛、青少年航模比赛、电脑机器人竞赛、青少年科技节等活动。现在每年参与青少年科技节的学生达20万人以上，不少科技作品在全国或省级比赛中获奖，如长江小小科学家奖、英特尔英才奖、茅以升基金奖、亿利达奖等，连续多年被全国青少年科技创新大赛领导小组授予全国优秀组织奖。参加全国青少年信息学奥林匹克联赛的成绩喜人，获全国一等奖的人数占全省11个地（市）总数的40%以上。通过经常化、规范化、制度化的青少年科技兴趣活动，培养学生的科技创新意识、提高了学生的综合科学素质，促进了青少年全面发展。

“飞向太空——中国载人航天展”

获得荣誉

绍兴科技馆先后被命名为“绍兴市学校德育教育基地”、“绍兴市爱国主义教育基地”、“绍兴市科普工作先进集体”、“绍兴市首批科普教育基地”、“浙江省首批科普教育基地”。2002

年被中宣部、科技部、教育部、中国科协联合命名为“全国青少年科技教育基地”；2003年被省委宣传部、省科技厅、省教育厅和省科协联合命名为“浙江省科普教育基地”；2004年和2005年连续两年被全国青少年科技创新大赛领导小组评为青少年科技创新教育优秀组织单位；2005年被生态省建设工作领导小组办公室和省环保局命名为“浙江省首批生态环境教育示范基地”。

基本信息

地　　址： 绍兴市人民中路611号
邮　　编： 312000
电　　话： 0575-88659142/88642090
网　　址： www.sxkjg.net
电子邮箱： zjsxkjg@163.com
开馆时间： 周二至周日 8:30～16:30，周一闭馆，节假日除外
乘车路线： 1，10，22，25，26，27，28，33，38，50，51，108，116，136，137，147，57，158，188路

Shaoxing Science and Technology Museum

Shaoxing Science and Technology Museum is the first one of ZheJiang province, It has opened to the public since 1989. Shaoxing Science and Technology Museum is the key social cultural project invested by Shaoxing government. It covers an area of 9,000 square meters, a floor space of 3,482 square meters. The visiting flow is about 150,000 visitors per year. The museum was opened for free.

Add: No.611Renming road, Shaoxing city, zhe jiang rovince, 312000 P.R. China

Phone: 0575-88659142 88642090

Web: http: //www.sxkjg.net

E-mail: zjsxkjg@163.com

Opening time: 8:30am-4:30 pm, Tuesday-Sunday(Closed on Monday except for National Holidays)

Bus: No. Road 1,10,22,25,26,27,28,33,38,50,51,108,116,136,137,147,157,158 or 188

温州科学技术馆

场馆概述

温州科学技术馆作为温州市实施的重大市政建设项目，是文明城市的形象工程，是实施科教兴市，普及科学知识，弘扬科学精神，传播科学思想和科学方法，提高公众科学文化素养的社会公益性科普教育设施和基地。坐落于城市中心区世纪广场南侧。该馆始建于2000年，2003年10月竣工并向社会开放，占地面积26061平方米，建筑面积23133平方米。温州科技馆是全国科普教育基地、温州市学生实践基地等。温州科技馆是浙南地区唯一的综合性大型科普教育场馆，从2003年10月开馆以来，年均参观人数10万余人次，举行大型主题科普活动30多项，科普教育辐射范围达浙南各县市区。

温州科学技术馆外景图

展厅规模

温州科技馆展厅面积1.5万平方米，整个展厅分为南北两大部分，共有展品展项380多件套。北展厅以少年儿童为主要参观对象，单独设置娱乐性较强的少儿科技天地展区。南展厅分为三层，展示主题以“3F”布置，FIELD-FRONTIER-FUTURE（科学大地、科学开拓、科学未来）：一楼设置科学语言、音的感知、视觉与色彩、力与机械以及电磁等展区及一座动感4D影院；二楼设置全息音响、立体交通、环境与家园、古代天文以及新能源新材料等展区；三楼设置数码园地、纳米技术、莱宝实验室以及机器人等展区。

常设展厅电磁展区图

特色影院

主体建筑左侧的球形建筑为球幕影院，目前正在招商引资筹建中；一层中央大厅有一座动感4D影院，可容纳24人。装备有FESTO气压系统，可放映三维立体电影。

科普活动

馆内还设5000余平方米的临时展厅，每逢重大节假日，则引进较大规模的临时展览。如“神舟飞船航天科普展”、“外星人科普展”、“环境与生物保护科普展”、“温州科技馆第三届国庆有奖科普游园暨阿里巴巴家庭实验室活动”、“青少年军事知识科普展”、“神七航天暨嫦娥探月科普展”、“科学运动，快乐竞技”科普展等都取得了很好的科普效果。同时，科技馆组织“温籍院士风采展”、“诺贝尔科学奖主题展”等主题图片展，开展科普进校园活动，市属各县市区十多个学校2万余师生参观了主题展。此外，科技馆还利用场馆资源，举办专题科普讲座。先后配合温州市科协、科技局等单位举办全市科技辅导员研修班、全市科技科协系统知识产权辅导报告会、汶川地震科普报告会、首届温州市瓯越学术论坛开幕式暨主会场报告会、日全食观察报告会等公益性活动。

场馆特色

温州科技馆的莱宝实验室独具特色。莱宝实验室通过物理、化学小实验将高中物理化学课本中抽象事物生动化、形象化，更有助于学生同学们理解和学习知识。该展区的展示内容和形式受到广大学者和观众的好评。

温州科技馆的动手动脑园区深受少年儿童喜爱，优耐美机床加工、航模制作、古代益智游戏等项目培养和激发孩子们的观察力、想象力、创造力和动手动脑能力，成为孩子们的益智乐园。

发展历程

“科技支撑发展，科技引领未来”。科学技术在今后的日常生活中发挥着越来越大作用。面对新的一年，温州科技馆将始终牢固树立科技以人为本的思想，利用科技馆的资源，发挥科技馆的科普优势，将科学的种子撒满瓯越大地。

世界温籍院士风采展

基本信息

地　　址：浙江省温州市市府路世纪广场
邮　　编：325000
电　　话：0577-88958895/88962110
传　　真：0577-88962110
网　　址：http://www.guoding.cn/wzstm/
开馆时间： 9:00～16:30（周一、二闭馆，节假日照常开放）

Wenzhou Science and Technology Museum

Wenzhou science and technology museum is located at the south of Century Square of the Central area of Wenzhou City. It was built in 2000 and opened to public in October 2003. Covering an area of 26,061 square meters and an architectural area of 23,133 square meters, the museum has an exhibition of 15,000 square meters.

The exhibition hall consists of two parts with over 380 exhibits. The northern section is a distinctive part for Youngsters focus on science for children. The Southern section has 3 floors distributed with 3F: Field-Frontier-Future. There is a 4D cinema located in the center of the first floor exhibition hall. It was equipped with FESTO air pressure system and can play 3D films. The theme exhibition of 5000 square meters is the place to show temporary hotspot exhibitions.

Wenzhou science and technology museum fully develops the function as science and education site. It will receive about 100,000 visitors per year and held more than 30 large scientific activities with the scope of education reaching to some counties in the southern part of Zhejiang Province.

Address: Shiji Square Shifu Rd. Wenzhou,Zhejiang 325000 P.R.China
Phone: 86-577-88958895 / 88962110
Fax: 86-577-88962110
Web: http://www.tjstm.org (or www.tjstm.cn)
Opening: 9:00-16:30(Closed on Monday and Tuesday except holidays)

安徽省科学技术馆

场馆概述

安徽省科学技术馆是安徽省政府投资兴建的大型公益性科普教育场所，位于安徽省合肥市高新技术开发区内。该馆1994年立项建设，1999年建成并正式向社会开放，占地19501平方米，建筑面积12000平方米。是全国科普教育基地、全国科普工作先进集体、安徽省爱国主义教育基地和安徽省青少年科技教育基地。该馆的主体建筑是A字形，以新颖、鲜明的建筑外观而在合肥市独树一帜，体现安徽省在科普教育、提高全省公民科学素质方面所作的努力。开馆11年来，共接待近150万国内外观众。

科技馆外景

展厅规模

安徽省科技馆常设展览教育面积4000平方米，展厅设置了机械、能源、航天、信息以及力学、数学、声学、光学、电磁学等展品170多件（套），涵盖了基础科学、现代科技、高新科技发展以及安徽科技发展等等，集科学性、知识性、趣味性、互动性和艺术性于一体。用于实验培训教育面积600平方米，实验培训科目8类，实验培训教具350件（套）；另有室外儿童科普活动乐园10000平方米。

科普活动

作为全省科普场馆的中心馆和指导馆，为丰富展教内容，创新科普形式，安徽省科技馆积极探索活动模式，发挥科普活动的创新示范功能。2007年率先在全国成立科技馆科普剧团，并自主创编研发适合不同年龄层次的科普表演剧和科学小实验剧目近20个，如《吃出来的科学》、《小鸡蛋大科学》、《声音是怎样产生的》等，定期在科学剧场为观众演出，并随科普大篷车流动科技馆进社区、学校、乡镇等演出；利用安徽省科技馆协会、安徽省少年科学院等社团组织挂靠科技馆的优势，联合教育系统组织开展“安徽省科普表演剧展演大赛”、“安徽省科技馆杯——全省中小学教师科学实验创新大赛”、“安徽省科技馆杯——六月儿童科学乐竞赛活动”等；节假日期间向公众推出科技体验周、家庭科技体验竞赛、走进科学世界、探索科学奥秘等主题活动。作为全国首批试点单位，组织开展的“科技馆活动进校园”由于形式新颖、内容独特而深受学生喜爱；

作为中国科协“中小科技馆支援行动计划”的4家实施单位之一，在华东片区的巡展活动足迹踏遍了中东部区域的中小科技馆。

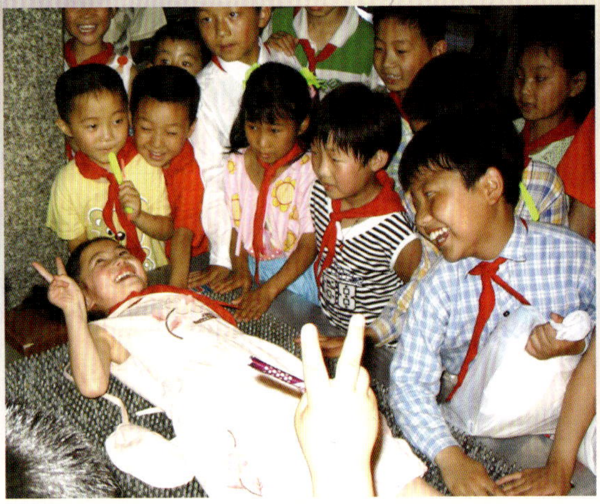

体验钉床

科普大篷车活动

场馆特色

安徽省科技馆科普剧团作为全国科技馆中首家成立的专门进行科普剧表演部门，体现了科技馆勇于创新的企业文化。作为公益性的科普剧团，坚持自主与外援相结合，创新研发新型表演剧目和实验项目，在常设展厅设置表演台，作为常规活动定时向公众开放，同时配合“科技馆活动进校园”工作,配合科普大篷车进农村、进社区巡展，配合社会各团体举办重大活动向公众进行科普宣传等，受到广大观众的好评。

安徽省科普剧展演大赛

安徽科技馆建成了全省首个“数字科技馆”展区，展品内容设置植物王国、动物世界、趣味科学、太空旅行、生命与健康、海洋探索、节能减排等，涉及生命等多个学科和专题，以数字化形式对以往常规展品表现内容进行了补充。数字科技馆以其形式新颖、内容丰富、参与性强而成为热点展项，深受观众欢迎。

发展历程

安徽省科技馆一直秉承“团结、严谨、高效、奉献、创新”的理念，弘扬科学精神、普及科学知识、传播科学思想和科学方法，从1999年开馆以来，积极创建学习型组织，制定年度培训计划，并采取“走出去”和“请进来”的形式，加强与国内外同行的交流合作，认真学习先进科学教育理念，坚持创新科普展教活动，逐步形成并拥有了自己的品牌活动。在开展科普展品研发实践中，培养和打造了一支专业队伍，承接了全国各兄弟场馆展品制作项目，并建立了完善的售后服务体系，同时注重知识产权保护，共获得国家级专利23项。作为全省的中心馆、指导馆，为地市科技馆的项目规划、展教内容建设等提供全方位技术指导，加强对地方科技馆建设指导工作。经过多年运营实践，制定出一整套适合科技馆发展的《安徽省科技馆规章制度建设》，实行科学、规范、人性化管理。

近年来，该馆不断进行展厅环境和陈旧展品改造，更新扩建科普剧表演剧场，新建儿童展区和室外活动乐园。通过更新改造，提升科技馆整体展教功能，吸引更多的公众走进科技馆。

基本信息

地　　址：合肥市高新区天乐路
乘车路线：801，234，158路公交车到科学大道站下即到
开馆时间：9:00 ~ 16:30（周三至周日开馆，节假日照常开放）
联系电话：0551–5323511

Anhui Science and Technology Museum

Anhui Science and Technology Museum(ASTM), invested by people's government of Anhui Province, is a large-scale public institution for popular science. Located on Hefei New and High Technology Industrial Development Zone, ASTM was established and operated in 1999. It covers an area of 19051 square meters, with 12000 square meters, 8 exhibition-halls holding 170 exhibits, 600 square meters for experiment and training-based education and 350 teaching aids. It is also composed of children science park covering an area of 1000 square meters.

ASTM has made outstanding achievements in the innovation of education exhibition, the research and development of popular science products, the reinforcement of the local S&T Museum building. It has taken the lead in the establishment of S&T Museum popular science theater, has made dependent R&D of science show drama and small experiment for various age groups, etc. It has jointed the education system to carry out activities in pop science competitions, series of pop science activities in the holiday themes to the public. It has cooperated with universities and research institutes to develop China's first interactive CD-ROM of pop science called "mystery in the S&T Museum" and the first has provided science caravan in China. It has made exhibits around the country, and developed more than 3,000 pieces (sets) of exhibits, and obtained 23 national patents. As the central and guiding museums of Anhui Province, it has provided a full range of technology guidance for construction and development of the other museums.

ASTM has been adopting "unity, rigorous, efficiency, dedication, innovation" as the slogan, which makes unremitting efforts for the development of popular science.

Address: Tian Le Road, New and High Technology Industrial Development Zone, Hefei
Transportation: 801 Road, 234 Road, 158 Road to Kexue Avenue bus station
Opening Time: 9:00 –16: 30 (Closed on Monday and Tuesday except holidays)
Tel: 0551-5323511

合肥科技馆

场馆概述

合肥科技馆是合肥市政府投资兴建的大型科普公益设施，是合肥市“九五”期间为民办实事的重点项目之一，其基础设施建设由合肥市财政局实施“交钥匙工程”。合肥科技馆于1998年4月立项，1999年11月动工，至2002年5月建成开放。合肥科技馆是全国科普教育基地、安徽省科普教育基地、合肥市十佳科普示范单位、合肥市青少年教育基地、合肥市爱国主义教育基地、合肥市小公民道德建设计划实践基地、合肥市旅游行业先进单位，世界著名科学家、诺贝尔奖获得者杨振宁先生任该馆名誉馆长。合肥科技馆建筑造型简洁、新颖，主体建筑为长梭形，象征着科技之舟，主建筑东侧球形展厅酷似飞碟,内设有天象及穹幕影院、杨振宁陈列馆。主建筑西侧为教学培训和办公区。整个建筑外墙饰以铝板和不锈钢板，远观效果随距离和角度变化，给人们带来神秘变幻的美感。全馆总占地面积16710平方米，建筑面积12000平方米，其中常设展厅面积约6300平方米，临时展厅近1000平方米，学术交流及教育培训场所约2000平方米。自2002年开馆以来，合肥科技馆举办了各类公益性科普临展百余场、学术交流活动近200场，接待了省内外乃至世界各地的各类参观者160多万人次，接待了中央、省、市领导，全国其他兄弟省市领导，国内外知名科学家和外国友人百余批次，形成了广泛的社会影响，取得了良好的社会效益。

合肥科技馆全景

展厅规模

改造后的儿童展区一角

合肥科技馆常设展厅共5层，约6300平方米，是科技馆的主体部分。根据现代学科划分原则及展品的自身特性，常设展厅设有儿童、机械、数学、力学、人体奥秘、气候变化与低碳生活、信息技术、声学、光学、电磁学、杨振宁陈列馆、天象及穹幕影院、4D动感影院等展区，共有400多件（套）展品。整个主展厅的展品均具有较强的科学性、趣味性、艺术性和可参与性，大部分可由参观者动手操作。位于主体建筑东侧的杨振宁陈列馆常年免费对公众开放，受到了公众的一致好评，产生了巨大的社会效益。

特色影院

主体建筑东侧的球形建筑上半部分是有180个座位的天象及穹幕影院，内径为18米，装备有珠江8片孔70毫米穹幕电影放映机和金都SA-18型天象仪，声音采用的是美国——ADAT8轨音频数字/模拟录放音机，S-VHS 1/2英寸磁带，8声道立体还音设备。

常设展厅儿童展区内设有4D动感影院，拥有6自由度的动感平台，可同时容纳21人观影。

科普活动

除了抓好常设展览这个主阵地之外，合肥科技馆还充分整合各类资源，开展丰富多彩的科普临展、科普讲坛、学术交流、科普进社区、科普培训等活动，使得科普工作的手段越来越丰富，对公众的吸引力也越来越强。开馆8年来，共举办各类公益性科普临展百余场，学术交流活动近200场。

合肥科技馆经常结合人民群众关注的热点问题，每年举办4～5次公益性科普知识临展，还协办了省、市青少年科技创新大赛，机器人大赛等重要科普活动百余场，承办和主办了“泛长三角区域经济发展论坛”、“安徽省企业信息化发展论坛”、家长学堂、读书月等各种大型讲座、讲坛、学术报告会。尤其是面向社会、面向公众的著名公益性讲坛“中国·合肥科学家、企业家讲坛”已经办至100多讲，受众近5万人。

2009年青少年天文夏令营——日全食观测

合肥科技馆还经常性地组织“科普进社区、进校园”活动，活动范围遍及合肥市各个中小学校以及社区等公共场所。此外，合肥科技馆还精心创作了《雨之语》、《垃圾分类》、《奇妙的声音》等科普表演剧节目，这些科普剧不但在展厅演出，而且还随着“科普进社区、进校园”活动，走进学校，走进课堂，受到了学生和老师们的热烈欢迎。2009年4月，合肥科技馆自创的科普小课堂《奇妙的声音》获得了首届“全国科技馆辅导员大赛”的团体赛一等奖。经过不断探索，合肥科技馆以“三模”、“机器人”为主要培训内容，以培养青少年动手能力为主旨，走出了一条有自身特色的科普培训之路，荣获中国科协青少年科技中心“科技馆活动进校园”优秀试点单位二等奖。

航天航空模型培训班

场馆特色

合肥科技馆一直是合肥市天文科普的先锋队伍，利用馆内现有资源，开展了丰富多彩的天文活动，并将活动扩大到馆外、通过精彩的天象节目、具体的观测实践、多样的活动形式，让天文更贴近广大公众。

“航空、航海、车辆”科技模型培训也是合肥科技馆的特色科普之一。科技模型运动由来已久，群众基础广泛，合肥科技馆常年开展科技模型培训。在培训过程中，合肥市科技馆针对“三模”可操作性强，知识面广的特点，调动青少年学习兴趣，利用多类别、多品种的科技模型，由浅而深、由易而难构成梯度“模型”培训体制，运用现代化的教学手段，吸引不同年龄、不同层次的青少年参与其中。每年还承办全市中小学“三模”锦标赛，由此产生的优秀选手具备在省、国家同类比赛中争金夺银的实力。

发展历程

开馆8年来，合肥科技馆一直关注科技发展动态，积极主动与兄弟馆及其他业务单位加强联系，学习先进的科普教育理念，不断提高科普展教水平。注重培养科技馆员工的团结协作精神，提高员工的综合素质，打造了一支专业的科普展教队伍。

为了使科技馆始终保持活力，保持对公众的吸引力，自2007年起，合肥科技馆开始整建制、整楼层地推进全馆的展区更新。从2007年到2010年连续4年，已完成了展厅4个楼层的整建制更新改造工作。在展区改造过程中，合肥科技馆创造性地提出了展品精品化、小型化并与布展相结合的思路，并不断加大自主创新的力度，在有限的空间内安排了内涵丰富的展品。由于内容新颖有趣，布展因地制宜，获得了广大观众、兄弟科技馆同行和各级领导的一致好评。在改造更新的展品中，由本馆展品研发团队提出创意的原创展品占约一半以上。这些展品采用现代化的教育理念和展示形式，实现了科学性与趣味性的有机统一，深受市民欢迎。

合肥科技馆始终坚持“以人为本，常展常新”的办馆理念，以科普教育为首要任务，以加强科学教育和科学普及工作，努力传播科学知识、科学精神、科学思想、科学方法，提高群众的科学素养为宗旨，充分发挥了“普及科学知识，弘扬科学思想，培养科学精神，树立科学方法”的作用，为提高广大人民群众科学文化素养作出了应有的贡献。近年来，合肥科技馆的年参观流量不断攀升，科普阵地的作用发挥得越来越明显，科学普及的社会效益也越来越显著。

基本信息

地　　址：安徽省合肥市蜀山区黄山路446号

交　　通：10，16，108，118，121，128，129，144，158路公交车均可直达

联系电话：0551-5192300

传　　真：0551-5171375

网　　址：www.hsftm.com

开馆时间：9:00 ~ 16:30（周一、二闭馆，节假日照常开放）

Hefei Science and Technology Museum

Hefei Science and Technology Museum is a built for the purpose of general public science education by Hefei Government. It is also a major project benefiting the general public during the "nine-five" period. Its foundation facilities are implemented by the Financial Bureau of Hefei in its "key passing project". In April 1998, the project was decided and in November 1999 the project was launched and finally opened in may 2002. Hefei Science and Technology Museum is the base for national wide general science education, advanced institution of general science education in Anhui province, top 10 general science education institution in Hefei, example base of youth education in Hefei, Patriotism base for Hefei, morality practicing base for citizens of Hefei, advanced institution in tourism of Hefei. The famous scientist, Nobel Prize winner Mr. Yang Zhenning is the honored head of this institution. Hefei Science and Technology Museum is located in the middle of Huangshan Road, an area with strong science and education atmosphere. The traffic is very convenient. Its buildings are very neat and innovative. The main building is equipped with aluminum and stainless board. The visual effects change with distance and angles bringing a mysterious feeling to people. The whole museum occupies 16710 square meters with 12000 for construction area and 6300 for standing exhibition and 1000 for temporary exhibition. There are 2000 square meters for academic and educational conferences. From the opening of the museum in 2002, Hefei Science and Technology Museum has held nearly 100 general public science education events. Up to 1.6 million people have visited it from all parts of China and the world. And welcomed officers at Central, Provincial and local levels, officers from other provinces and cities and scientists from China and other parts of the world 100 times. Through these efforts, the museum has made significant social influence and achieved positive social benefits.

Address: No 446, Huangshan Road, Shushan District, Hefei city, Anhui Province
Transportation: You can take the No 10, 16, 108, 118, 121, 128, 129, 144, 158 bus there
Phone: 0551-5192300
Tax: 0551-5171375
Web: http://www.hsftm.com
Opening time: 9:00-16:30 (Closed on Monday and Tuesday except holidays)

安徽省蚌埠市科学技术馆

场馆概述

安徽省蚌埠市科学技术馆于1984年6月正式开馆，是安徽省第一座科技馆，也是当时全国仅有的6座科技馆之一。蚌埠市科技馆先后被确立为“中国科协与联合国儿童基金会社区非正规教育合作项目”的科普展教分项目执行单位，并荣获“全国科普展教工作试点单位”等称号。多年来，蚌埠市科技馆已成为蚌埠市精神文明建设的重要窗口。

蚌埠市科技馆现为全额拨款事业单位，下设4个职能科室，现有在职职工30人，其中专业技术人员达到80%以上，形成了一支理论素养较高、技术水平过硬、吃苦耐劳、团结一心、敢打硬仗的职工队伍。

蚌埠市科技馆

展厅规模

蚌埠市科技馆现有科普展厅约3000平方米，常设科普展品100余件。展厅除寒暑假、双休日和法定节假日实行常设展览开放外，每周开放时间不少于2天，展厅全年开放天数不少于295天，年综合参观人数不低于5.5万人次。

展厅活动

科普活动

利用引进临时性的专题科普知识展览作为对常设展览内容的一种有效补充。针对一些社区群众、乡镇学生来往交通不便，蚌埠市科技馆还按照中国科协的要求专门研制了一批小型展品，带着展品下到各社区乡镇开展科普教育，成为全国30个“流动科技馆”进校园试点单位之一，以丰富多彩的展示内容、机动灵活的活动方式，将科普知识传播到农村、社区、校园、军营。针对学校开设的科学课程，蚌埠市科技馆专门购进一批小机床、小车床，自配设备和耗材下到学校协助教学，大大增强了学生的动手能力。由于蚌埠市科协、蚌埠市科技馆常年来的组织联系，蚌埠市的青少年科技活动水平在全省一直保持领先水平。在每年组织参加的“全国青少年科技创新大赛”、“中国青少年机器人竞赛”、“中国青少年电脑机器人竞赛”、“明天小小科学家”、“省青少年电脑机器人竞赛”等各类科技竞赛中，均取得了优异的成绩。此外，蚌埠市科技馆已连续4年成功举办了暑期“广场科普夜市”活动，受到广大群众、青少年的广泛欢迎和各界人士的一致肯定，营造了良好的科普氛围。

场馆特色

蚌埠市科技馆积极参与中国科协、地方科协、兄弟单位的重要展览、展品的设计制作。由于起步较早，且二十多年来在专业技术人才培养、设计水平和创新能力上都没有放缓过脚步，所以一直以来蚌埠科技馆在大型展览的设计、基础学科科普展品的技术力量等方面都处于全国领先水平，在中国科协、各地市科协、兄弟单位中也享有较高的声誉。多年来蚌埠市科技馆一直受中国科协委托，参与了全国多项重要展览项目的设计制作工作，截至目前已为全国30个省、市、自治区，几百家科普场所设计制作过各类型科普展品。

蚌埠市科技馆先后参与过“声光·电磁”科普知识展览、“中国机械”科普知识展览、“航空知识”展览、“回顾与展望——20世纪重大科学技术发现与发明及21世纪科学技术展望”主题展览、“诺贝尔与诺贝尔奖——纪念诺贝尔奖100周年”展览、“崇尚科学文明 反对愚昧迷信”科普知识展览、“认识·预防·关爱——青少年预防艾滋病知识展览”、“历届青少年科技创新大赛获奖作品展览”、“祖国的未来、科学的希望——纪念邓小平同志为青少年科技活动题词25周年”展览、“建设节约型社会”大型展览、“水资源”科普知识流动展览、“节约能源 保护环境——节能减排全民行动”大型展览、“走进低碳”科普知识展览、“安全避险”大型科普展的设计制作。

参加了中央文明办、中宣部、中国科协、铁道部等部委举办的“科普列车西部行”、“科普列车老区行”展览活动。自1993年以来，受中国科协委托，先后设计编印了“生命知识——母子健康须知”、“农村社区环境保护与家庭卫生”、“保护儿童权益”、“生命的画卷”、“抗击非典”、“认识粮食话节粮”、“保护生态环境、节约能源资源”等科普宣传挂图，发往全国各地。

此外，蚌埠市科技馆从2002年开始就参与中国科协“科普大篷车车载展品”制作标准的制定及展品的设计。截至目前，蚌埠市科技馆已为中国科协给全国各地科协配发的近200台科普大篷车提供了车载展品，并多次承办科普日主题展区展品设计制作工作。

青少年科幻画园地

取得的荣誉

1986年蚌埠科技馆被中国科协普及部确定为科普展教工作示范点、中国科协与联合国儿童基金会合作项目执行单位。二十多年来先后被授予“全国青少年科技教育基地”、“全国科普教育基地”、“全国青少年校外活动示范基地”、“安徽省爱国主义教育基地”、“安徽省青少年科技教育基地”、“安徽省科普基地”、“蚌埠市青少年道德建设实践基地”、“全国青少年科技活动先进集体”、“全国少年儿童校外教育工作先进集体”、“全国科普工作先进单位”、“全国先进科技馆”、“全省青少年科技活动先进集体”、“安徽省科协系统先进单位”、“中国青少年社会教育‘银杏奖’优秀团队”等称号。

中国科协原党组书记张玉台同志在视察蚌埠市科技馆后称赞为“我国地市级科技馆的举旗馆”！

我们相信，在社会各界的共同努力下，未来的蚌埠科技馆必将继续发挥其科普功能，为蚌埠市的文明城市建设增光添彩，为我国的科技馆事业添砖加瓦！

基本信息

地　　址：安徽省蚌埠市胜利中路51号
邮　　编：233000
电话/传真：0552-2046115
E-mail：ahbbkjg@vip.163.com

Anhui Bengbu Science and Technology Museum

Opened in June 1984, the Science and Technology Museum of Anhui Bengbu province was the first Science and Technology Museum in Anhui province and one of the six first Science and Technology Museums in China. Through the years, Anhui Bengbu Science and Technology Museum has earned lots of titles such as 'The executive organization of the cooperative project of the exhibit and education between the Chinese Science Association and U. N. Children's Fund and 'The pilot unit of the national scientific popularization work. For many years, our museum has become an important window of the spiritual culture construction of Bengbu city.

Bengbu Science and Technology Museum is a state-owned institution fully financed by the government. There are four fuctional departments all together and the number of the staff adds up to more than 30, among which 80% is professional technicians. Consequently, our team is definitely a high-leveled, tough and united one, which has the ability to fulfill different types of jobs.

Our museum has a 3000 square meters exhibition hall and over 100 routine exhibits on display. Every year, the museum is open for no less than 295 days and the number of visitors is more than 55, 000 per year. We have achieved great merits in the National Youth Scientific and Technical Innovation Contests. We also have done a lot of work in activities such as 'Mobile Science and Technology Museum entering Schools' and 'Series of Scientific Popularization Activities at Summer Nights ' which are widely popular with people from all walks and especially with children.

For more than 20 years, we have participated many very important exhibitions of Chinese Science Association and assumed the designing and creating work of more than 20 large exhibitions. We have also designed and printed over 100, 000 sets of scientific wall pictures for many parts of the country. Since 2002, our museum has been doing the designing job of the exhibits used by the Circus Wagon Activity of Chinese Science Association. Until now, we have designed exhibits for more 200 Circus Wagon Activities used by many other museums all over the country. Besides, we have also designed the theme exhibition for the Science Popularization Day for many times.

In the year 2003, when the general secretary of the Chinese Science Association Mr. Zhang Yutai inspected our museum, he pointed out that Bengbu Science and Technology Museum is the flag museum among all the city museums.

Name: Bengbu Science and Technology Museum , Anhui
Address: Shengli Mid-road 51, Bengbu City, Anhui Province
Posecode: 233000, 2046115
Phone/Fax: 0552-2046115
E-mail: ahbbkjg@vip. 163. com

芜湖科技馆

工程概况

芜湖科技馆是芜湖市实施科教兴芜战略，提高市民科学文化素质的大型社会公益性设施。位于安徽省芜湖市银湖北路70号，占地面积20100平方米，建筑面积16600平方米。建筑为地下1层、地上4层，净空高度为36米。馆内设有常设展览展厅三个，临时展览展厅一个，大型报告厅、小型报告厅各一个。展厅总面积8800平方米，其中常设展厅面积6500平方米，临时展厅面积2300平方米。2009年12月28日，芜湖科技馆被中国科协评为2010—2014年度全国科普教育基地。2010年申请了全国科技馆活动进校园示范推广区。

芜湖科技馆

建设情况

2005年12月18日芜湖科技馆工程开工建设。2008年12月12日建成开馆。

工程建设中，中国科协对芜湖科技馆的建设给予了高度重视和经济支持，多位中国科协领导深入芜湖科技馆工地视察和调研。2008年8月20日，中国科协党组书记、常务副主席邓楠考察了芜湖科技馆。此外，中国科技馆、中国自然博物馆协会、安徽省科协和安徽省科技馆也给予大量的技术指导。

展教内容设置主题

芜湖科技馆展教内容主题为“时代、科学、智慧、体验”，展线为“感受时代，理解科学，领悟智慧，探索体验”。整个展区设有“时代辉煌”、“科学启迪”、“智慧之光”、“儿童世界”四个主题展区。“时代辉煌”是地方特色展区，展示芜湖古代、近现代科技社会发展历程和未来展望，芜湖重要科技成果及重要企业的宣传，长江及资源对芜湖的作用和影响。设有“辉煌江城”、“奇瑞之旅”、“走近长江”三个支撑展区。其中“奇瑞之窗”是我馆特色展区，它以奇瑞汽车为主题展示汽车技术和汽车文化。“科学启迪”是基础科学展区，重点选择数学、光学、声学、电磁学和力学等基础学科的基本原理、基本规律与定律，展示典型现象，传授科学方法，认知和体验科学的发展与应用。设有“体验科学”、“知识探秘”两个支撑展区。“智慧之光”是高新技术展区，主要让公众感受了解先进的高新技术和现代新型材料以及能源综合利用对现代人类生活产生的震撼与促进。设有“信息乐园”、“能源利用”、“智能机械”三个展区。“儿童世界”是儿童展区，利用对儿童身心健康和智力发展有潜在科普教育意义的展品和游戏内容，通过趣味性、智力性、启发性的活动参与，使儿童在智力、信心、勇气、体能等方面得到科学启蒙和综合锻炼。设有“小小建筑师”“人体探秘”“科学欢乐谷”三个支撑展区。

科学启迪展区

开展的工作与科普活动

开馆以来，芜湖科技馆充分发挥科普教育基地作用，接待各类参观者近25万人次，接待参观团体近250余个。

我们在认真做好常设展览的同时，重点从以下几方面抓好科普教育活动：

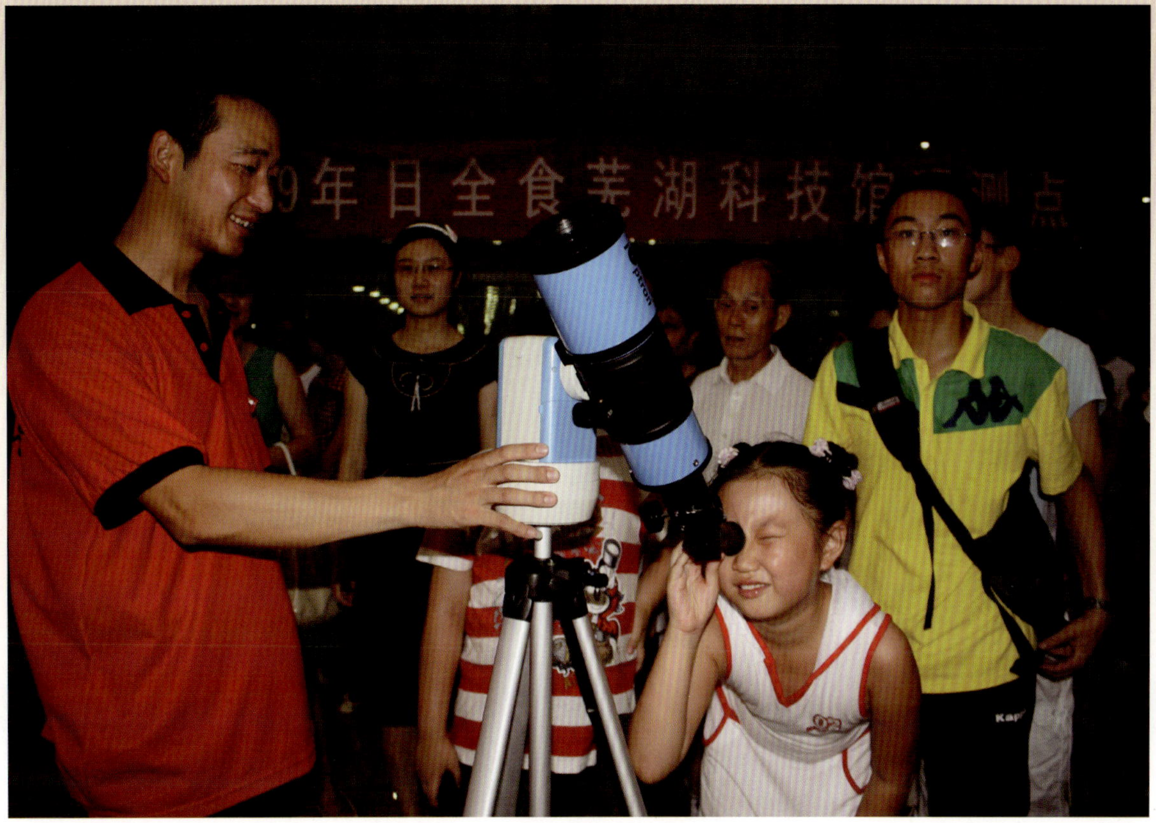

科学观测日全食

一是积极举办专题科普活动。2008年开馆以来，我们重点开展了“科学观测日全食”、“科普日专题宣传”、“青少年自护教育”等宣传教育活动，组织开设了中小学再生纸制造实验课、开发了趣味丰富的科普小剧场，举办了“科普猜谜”、“我心中的芜湖科技馆”征文、“六一”智力快车游戏等活动。参与学生和群众达到1万人次。

二是积极关注重点人群科普教育。我馆积极响应中央文明办、教育部、团中央的号召，积极组织开展了“外出务工返乡人员子女进科技馆”、“实施关爱行动，共享幸福阳光”、“关爱留守流动儿童”、“关爱残障学生”、“蓝天计划”志愿者等活动，免费为务工人员子女、留守儿童、聋哑学生、盲人学生、智障学生和贫困生提供科技辅导和科技体验，组织重点儿童科普教育达到6千人次。

关爱留守儿童

三是充分利用节日加强科普宣传。春节、“五一”、“六一”、“十一”和中秋，都是我国重要的节日。自开馆以来，每逢重要节日，我们都针对性开展一些特色的科普活动，免费组织市民、学生、儿童参观和体验。2009年“六一”儿童节免费向社会开放，迎来参观者1.6万多人次，2010年“六一”儿童节前向社会免费发放了3000张参观门票，约有7千余人来馆参观。

四是举办丰富主题展览。目前我馆自己举办和协助举办“全国科技馆成就展”、“保护生态环境，建设生态文明”科普展、“日全食图片展”、“芜湖工业60年史展”、“拯救珍稀物种，保护人类家园”、“低碳生活，节能减排”科普展、“青少年自护教育主题展”、“新中国历次阅兵展主题展”、“九天揽月—嫦娥探月工程”、“中国（芜湖）科博会亮点科普展品展”等8期10个主题展。这些活动的开展为常设展览教育提供了良好的补充，较好地发挥了芜湖科技馆的社会效益。

五是充分发挥科普大篷车“流动科技馆”的作用，深入社区、学校、乡村等开展科普活动。科普大篷车配发两年多来，先后参加“送科技下乡”、“四进社区”、“科普大篷车农村科普行”等活动100余次。积极服务社区和广大农村地区，受教群众达15万人次。

福建科学技术馆

场馆概述

福建省科技馆位于福州市中心于山南麓、五一广场东侧，占地面积6000平方米，建筑面积8000平方米，是集展览、培训、实验、影视播放、报告讲座为一体的综合性科技馆，于1993年1月正式开馆。开馆18年来，先后被授予“全国科普教育基地”、“全国青少年科技教育基地”、“全国青少年校外活动示范基地”、“全国科普工作先进集体”等称号；2009年被福建省委、省政府授予“省级文明单位”荣誉称号。目前，全年对外开放达300天，年平均来馆参观和参加科普活动人数达40万人次。

福建省科技馆外观

展厅规模

福建省科技馆目前常设展厅4000平方米，展教内容丰富，形式多样。设高新技术、航天航空、磁电技术、综合技术和水乐园等5大展区，有各类经典展品200余件，其中80% 能够实现和观众的互动；有电脑机器人、信息技术、无线电测向、航模制作和木工制作等省级“青少年科学工作室”。同时，建有500平方米的院士厅和150米长的院士画廊，展示135位闽籍院士风采。

特色影院

福建省科技馆目前拥有1个4D动感影院，2009年10月投入使用。该影院拥有5.1声道的立体音响，21.7平方米的平面银幕，40张椅背上具有喷水、喷气、振动、扫腿等特效设备的座椅。

科普活动

多年来，福建省科技馆充分利用馆内丰富的科普资源，组织开展了内容丰富、形式多样的科普活动。从2006年开始相继推出了“科普巡展海西行”、“海西科普大讲坛”及“科普助学”等一系列品牌科普活动；在科技周、科普日活动中，通过科普讲座、科普游戏、分发科普宣传材料、免费开放科技馆等方式开展主题科普活动，普及科普知识；利用主题展厅，坚持每年举办4~5次公益性科普展览；每年春节、劳动节、儿童节、国庆节以及周末等节假日，都策划举办主题科普活动，反响热烈。每年的科普夏令营和冬令营，也深受青少年欢迎。同时，为了激发青少年的科学兴趣，福建省科技馆特别开发了“少年科学素养培训”项目，并积极探索同教育行政部门的合作，通过科技馆进校园活动，把先进的科学课程送进学校。

科普助学

科学素养培训——科学互动表演

台湾科教活动“全民最大胆”制作现场

科普巡展

场馆特色

闽台科普的交流合作是福建省科技馆的工作重点。多年来，福建省科技馆利用地缘优势不断深化与台湾科技馆界的交流与合作，采用“引进来，走出去”的方式，同台湾有关方面共同举办了海峡两岸科普嘉年华、闽台科普联展和两岸青少年科普夏令营等重大活动，推动了闽台科普资源的共建共享。

针对福建老区多，基层科普资源匮乏的现状，福建省科技馆组织开展了“科普巡展海西行”活动。从2006年以来，“科普巡展海西行”的足迹踏遍了八闽大地，走过了20多个老区县，受惠群众近50万人，为边远山区送去了丰厚的精神食粮，深受基层群众的欢迎。

科技馆的另一科普品牌活动“海西科普大讲坛”则为社会各阶层公众提供了学习科学知识的

窗口。讲坛每年举办公益科普讲座近百场，内容涉及心理健康、医疗保健、生态环保、营养与健康等方面，听众达万余人，满足了广大社会公众对科学知识的渴求和关注。近年来，“海西科普大讲坛”还走出科技馆，进入校园、社区、机关、企事业单位，为学生、公务员、社区居民、外来务工人员等各类群体送上“科普大餐”。

发展历程

一直以来，福建省科技馆秉承“献身、求实、创新、协作”的馆训，以打造海西的“科普展教中心、科普活动中心、科学素质提升中心、科普资源共建共享中心”为奋斗目标，开拓创新、锐意进取，科普工作成效显著。多年来，福建科技馆坚持每年开展科技馆文化节、学习月，进行学术论文征集、评选，举办前沿科技讲座、学习研讨会，组织员工到兄弟科技馆交流学习等活动。通过加强学习，不断提高员工的政治素质和业务素质。同时，福建科技馆十分注重自身建设，努力提高科技馆的科学化、规范化、制度化管理水平，不断增强科技馆发展的活力和员工的创新能力，创建科技馆积极向上的馆内文化。

近年来，福建科技馆积极推进展区、展项建设和改造。从2006年至今，该馆每年都以10%的速度更新展品，并在展厅内新建了“未来梦工厂”、“科技动手做”等项目，逐步完善青少年科学工作室。2007年，福建科技馆还开辟了700平方米的科普专题展厅，有效地提升了科普展教能力，受到公众的欢迎。

目前，福建省科技馆正紧跟时代步伐，抓住机遇，迎接挑战。一方面，着力现馆运营，力争科普展教工作再上一个新台阶；另一方面，加快新馆建设步伐，争取新馆早日动工，早日建成开馆，使之成为科学普及的殿堂和青少年成就科学梦想的摇篮。

基本信息

地　　址：福州市古田路89号
邮　　编：350005
电　　话：0591–83312712
传　　真：0591–83361126
网　　址：www.fjkjg.com
开馆时间：9：00～17：00（周一闭馆，节假日照常开放）
4D电影放映时间：9：30，10：30，11：30，13：30，14：30，15：30（团体包场提前预约）

Fujian Science & Technology Museum

Fujian Science & Technology Museum is located in the city center, south to Yu Mountain and east to Wuyi Square. It covers an area of 6000m^2 while its building area reaching 8000m^2. It is an integrated science & technology museum, covering exhibitions, training, experiment, video playback and lectures, etc. It was officially opened in January, 1993.

Fujian Science & Technology Museum has 4000m^2 of common exhibition rooms, which provide people various exhibitions and training with rich content and great variety. There are 5 exhibition areas, including high-tech area, aerospace area, magnet-electric technology are, comprehensive technology area and water park; there are more than 200 exhibits, 80% of which can be interacted with audience; there are some provincial-level "Youth Science Workshops" of robots, information technology, wireless measuration, aeromodel manufacture and woodcraft production, etc.; there are well-equipped and advanced lecture halls, training classrooms and 4D Motion Theater and so on. In addition, 500m^2 of Academician Hall and 150m^2 of Academician Gallery display 135 academicians of Fujian. Based on 300 open days, audience who comes to participate in scientific activities and visits museum reaches 400,000 annually.

As a palace of popular science and cradle of teen-agers dreams of science, Fujian Science & Technology Museum adheres to its concept of "Dedication, Truth-seeking, Innovation, Collaboration, and aims at "Exhibition & Education Center of Popular Science, Center of Popular Science Activity, Enhancement Center of Scientific Literacy and Co-construction and Sharing Center of Popular Science Resources" to innovate and progress. Due to its significant achievements in science popularization, Fujian Science & Technology Museum has been awarded the honors of " National Education Base for Popular Science", " National Education Base for Youth Science and Technology ", "National Sample Base for Youth Extracurricular Activities", "National Advanced Unit of Popular Science ", etc. In 2009, it was also awarded the honor of "Province-level Civilized Institution" by Fujian Committee and Provincial Government.

Address: No. 89 Gutian Rd, Fuzhou, Fujian 350005 P.R.China
Phone: 86-591-83312712, Fax: 86-591-83361126
Web: www.fjkjg.com
Opening time: 9:00-17:00 (Closed on Monday except holidays)
4D film showing: 9:30,10:30,11:30,13:30,14:30,15:30 (Groups need book in advance)

福州科技馆

场馆概述

福州科技馆成立于1992年，2003年起向公众免费开放。2007年迁至现址过渡，现馆位于金山桔园洲大桥下公园内。场馆由南北两馆组成，南馆约900平方米，是一座正方形的单体建筑，屋面正中隆起圆形玻璃网架结构，俯瞰呈现外方内圆的建筑图形，是办公区域兼临时展厅；北馆面积3000多平方米，为长方矩形结构单层建筑，屋面采用波浪形设计，与一路之隔的乌龙江相呼应。

福州科技馆充分发挥地缘优势，积极探索对台交流的新形式，以自然探索、科普展示教育的交流为主题，与台湾自然科学博物馆等场馆建立了友好合作关系，在大陆科技馆界确立了对台交流的重要地位，得到了中国科学技术协会领导的肯定。

北馆展厅

展厅规模

福州科技馆主展区设在北馆，面积3000多平方米，由科学迷宫、航天展区、儿童乐园和古生物化石展等部分组成。展品包括：拥有一款具有高度人工智能、外形酷似“白雪公主”、能够承担“迎宾、讲解工作”的机器人；由中国科协与国防科工委月球探测工程中心联合赠送“绕月探测工程运载火箭和卫星”模型（全国仅10套）；虚拟互动的“船舶模拟驾驶系统”以及“足球射门”、“漂流”、“自行车竞速”、“灭火”的现场体验；90余件套揭示了磁、电、声、光、力等基础学科原理的科普展品；130多件古生物化石等；儿童展区的主体是“幻境迷宫”。

为弥补室内展示面积的不足，福州科技馆利用户外空闲地设置了“生态园”，占地约13000平方米。种植包括海峡两岸常见的花果树木以及农作物，让观众（主要是青少年儿童）能够在其中了解、认识身边的植物世界。

科普活动

福州科技馆积极组织各种公众科普实践活动，鼓励青少年积极动手实践：

从2004年起每年举办青少年电脑机器人培训/竞赛活动。每年有60余支队伍、150多名选手参加竞赛活动，100多名教师参加竞赛规则强化培训。福州市参赛队获得WRO世界奥林匹克机器人竞赛小学组优秀奖、初高中组一等奖各1名。

2007年起举办观鸟、找虫以及天文/环保观测活动；2008年起，“科普大篷车”已出行60场，受众7万余人，“科普大篷车”足迹已经遍及福州市的所有区县。

两岸夏令营员参观古生物化石展区

小小航天营活动

场馆特色

◎ 两岸合作开展青少年科技教育主题研讨活动

福州科技馆自从1997年接展台湾自然科学博物馆“鲸的故事”以来，陆续又接展了该馆的“消失中的大猫”、“艳红鹿子百合”和“重新发现台湾猕猴”，其中“消失中的大猫”和“重新发现台湾猕猴”都是由福州科技馆首站承接，并承担展览在大陆的巡展工作（包括“鲸的故事”）。2010年引进该馆的主题科普展览——“鸣虫特展”，揭开了该展在大陆巡展的序幕。

福州科技馆承接的台湾主题科普展览还有“世界蝴蝶大展”（台湾木生昆虫博物馆），台湾著名摄影家余如季先生的《“鹭鸶鸟在台湾”暨福建鸟类生态摄影展》。

来访的台湾专家带来了他们的展览制作理念、馆校互动方面的先进经验。2004年以来福州科技馆利用台湾专家来福州的机会，为科普场馆、中小学校和教育主管部门的负责人举办有关青少年科技教育研讨会，报告主题包括《非正式教育机构与青少年科技教育》、《博物馆与学校的互动模式》和《台湾自然科学博物馆服务学校教育活动的实例介绍》等。迄今为止已经有10多位台湾的专家、学者在福州举办了10多场次的科普讲座，深受业界和教育工作者的欢迎，部分讲座纳入教师岗位培训安排。

◎“两岸中学生自然探索夏令营”，两岸交流新模式

“两岸中学生自然探索夏令营”是与台湾自然科学博物馆合作举办。基于多年的合作，台湾自然科学博物馆主动提出：以“推动两岸中学生交流学习，建立两岸博物馆间合作互动关系，探讨两岸自然科学教育推广方式”为宗旨，举办“两岸中学生自然探索夏令营”。它是闽台两地在开展自然科学教育普及方面进行的又一次新尝试。2007年起，夏令营在两岸轮流举办。每年都有两岸40名师生参加，大家同吃同住同行，一起进行自然科学探索的感性交流活动。此项活动实现两岸青少年直接的感情互动，增加两岸青年一代的认同感，培养友谊，累积共识。

◎首创现实版“开心农场”

为进一步拓宽科普宣传形式，2010年在原生态园的基础上，推出了福州市首家现实版“开心农场”项目，让市民真实地与田园亲密接触，既契合了当下都市人返璞归真的心理诉求，也让孩子们能够接受到有关农产品等相关知识的科普教育。半年已有近500个家庭通过网络注册会员，报名参加免费种植体验活动。福建农林大学学生作为志愿者到现场指导种植体验活动。

开心农场

◎出版《福州十邑古桥》记述福州十邑科技成就

该书收集了246座福州十邑始建于清代之前的桥梁，其中不乏已为洪水和大火等灾害焚毁的古桥身影。

基本信息

地　　址： 福州市金山桔园洲大桥下
邮　　编： 350008
电　　话： 0591-83345614
传　　真： 0591-83318510
网　　址： www.fzstm.com
开馆时间： 9:00～16:30（周一闭馆，节假日照常开放，团体参观请提前预约）

Fuzhou Science and Technology Museum

Fuzhou Science and Technology Museum was built in1992. It is now located in the park under Juyuanzhou bridge in Jinshan District since its moving location in 2007. The museum consists of two parts – the south building and the north building. The south building area is around 900 square meters. It is a single square building, which is covered with a glass dome, supported by grid structure. This part looks as a square with a circle inside when overlooked. It is designed for administrative function and is also utilized as exhibition hall temporarily. The north building occupies an area of 3000 square meters. It is a single storey oblong building with wave-like surface. The whole building presents wonderful scenery with the flowing Black Dragon River nearby.

Fuzhou Science and Technology Museum has been opened to the public for free since 2003. As Fuzhou first batch of "National Science Popularization Education Base", It has gained the honor as the "Civilized Unit" of the 8th,9th and 10th session. Fully taking the geographic and cultural advantage towards Taiwan, it has exploited new forms of cooperation. With the topics of natural exploration and science popularization exhibition education, It has established a fine cooperating relationship with several museums in Taiwan like National Museum of Natural Science. The association of scientific technology of China has already affirmed its important position in communications with Taiwan as a museum on the main continent.

Address: Under the Juyuanzhou Bridge, Jinshan District, Fuzhou
Postal Code: 350008
Phone: 0591-83345614
Fax: 0591-83318510
Web: www.fzstm.com
OpeningTime: 9:00-16:30 (Closed on Monday except holidays and reservation needed for group visit)

厦门科技馆

场馆概述

厦门科技馆位于厦门文化艺术中心，于2007年3月16日正式对外开放，建筑面积17000平方米，展厅面积10000平方米，设有“海洋摇篮”、“探索发现”、“创造文明”、“和谐发展”、“儿童未来”5个主题鲜明的展馆，1个环保科技专题展厅，展品188项248套件。开放近4年来共接待观众70余万人，先后获得国家级“科普教育基地”、厦门市“环境教育基地”等十余项荣誉称号。

厦门科技馆全景

场馆特色

◎ 首个由原有工业旧厂房改造而成

厦门科技馆是国内首个利用原有工业旧厂房，进行改造而成的科技馆，既节省资金和资源，也用实际行动实现了环保节能的主题。

◎ 设计思路

设计思想鲜明独到：打破以学科分类的展品陈设形式，围绕“人类、科技、和谐”的设计思想，将宽泛、复杂的学科知识体系分解为主题鲜明的主题展馆：“海洋摇篮”、“探索发现”、“创造文明”、“和谐发展”、“儿童未来”。

充分挖掘和展示厦门古代和现代科技成果，浓郁的厦门地方特色：厦门宋代著名科学家苏颂最杰出代表作——“水运仪象台”，将苏颂“枢轮擒纵技术”与现代的科技应用相结合的——“水钟”，以及与古代科技相互辉映的厦门知名企业展示区，重点展示了本市先进现代工业技术。

独特新颖的布展方式和手段：将展品和环境布置巧妙融合，使展品的展教功能得到进一步的延伸；生动有趣的动画式展品说明，激发游客的参观兴趣。

◎ 独具匠心的创新展品

提倡互动体验式学习，鼓励观众自主参观，80%以上展品可动手参与；勇于突破创新，拥有多项国内首创的展品展项：磁电大舞台、“失仪园”展区、水钟以及相对论光字号等。在展品研发上，充分利用资金，结合本地技术力量，因地制宜、自主创意、自行设计创新展品：如采用X、Y、Z三维全立体空间运动合成，真实输入唐山7.8级地震实际波形进行展示的地震模拟平台。

科普活动

开馆近4年，厦门科技馆关注社会热点、坚持科普导向、持续突破创新，共推出各种展览、活动近30项130余场次。

◎ 结合社会热点，自主原创策划展览活动

观众参与厦门科技馆“地球生物演化大展”配套互动活动

除了引进临展项目，厦门科技馆大胆尝试自主研发，至今推出的12项大中型临展中，7个为自主原创策划。如：2010年暑期“谁是凶手？破案侦查体验展”是国内首个以现场破案体验为主题的展览，2010年春节“虎虎生威科学庙会”首次将科普知识与传统春节民俗庙会巧妙结合，2009年暑期“魔术幻象展”趁春节魔术热，展示魔术背后的视错觉、化学、物理等，主题鲜明且极具科普教育意义。

观众参观厦门科技馆失仪园展品“失仪嗝嗝”

◎ 促进馆际合作，形成有效的临时展览交流机制

除了与其他科技馆加强合作，积极与自然博物馆、海洋馆等场馆加强联系。如：2009年国庆“科技馆一日 地球一亿年——地球生物演化展”集合国内多家自然博物馆馆藏精品，一度掀起厦门市民讨论进化论的热潮；2008年国庆“大型恐龙化石展”，展览受众近8万人次，为厦门科技馆创造客流高峰。

◎ 社会资源共建，加强与本市企业、职能部门合作

与本市的企业、职能部门强强联合，推出“人人行动环保展”、“节能减排展”等活动，活动更加贴近市民的生活。

发展历程

厦门科技馆，前身为厦门市青少年科技馆（2001年开馆），运营十年来，始终秉承“立足科普，服务大众，外塑形象，内修品质”的理念，为打造一个国内最具活力的科技馆而不懈努力：

◎ 企业化运作公益事业的特色运营模式

厦门科技馆是全国为数不多的实行企业化管理的科技场馆，她的诞生为我国的科普教育改革做了积极有益的尝试。厦门科技馆运营至今，始终在公益事业企业化运作的道路上努力探索，开展科普工作的同时，将经营意识贯穿其中，维持自身生存发展。

同时，厦门科技馆充分利用企业化管理的灵活性，大胆采用现代化企业管理理念，导入企业化成本控制理念，逐步建立企业内控体系；将企业化绩效考核纳入公司经营管理体系，将工作表现以绩效考核的形式与年终奖挂钩，完善内部激励机制。

◎ 始终坚持科普公益原则

厦门科技馆开馆以来，始终坚持科技馆的科普公益性质，坚持对本市学生团队、70岁以上老人等实行免费政策，对本市未成年人、教师实行优惠政策，4年来免费或优惠接待30万余人次。同时，坚持“立足科普、服务社会”，不遗余力地开展科普公益活动，让更多市民参与其中，汲取科普知识。

厦门科技馆独家首创的水动力计时装置——水钟

1. 互动科学进校园

将科技馆展教资源与学校课堂教学结合，通过互动式体验科学课，建立科技馆与学校科普教育的衔接平台，至今组织“互动科学进校园”活动近50余场次。

2. 周末家庭日

利用场馆资源，举办“神奇海世界”、“环保酷生活”等主题活动，积极探索家庭科普教育模式。

3. 科普公益讲座及特色夏令营

关注科技热点，及时推出“我与院士谈科学”、“飞向太空”等深受市民喜欢的科普讲座以及“小小讲解员”等特色夏令营活动。

◎ 拓展科技培训教育功能，构建特色课程体系

2008年，厦门科技馆充分利用自身展教资源，建构以科技动手类课程为主，学科辅导类课程为辅的特色课程框架，二十余项百余班次课程形成“培训超市”，让学生可以从兴趣出发自主选择课程。两年来，共招收学员近万人次，并率领学员在各届国家、省、市青少年机器人竞赛中，取得了8金、7银、6铜的佳绩。

1 自创科技动手类课程

自主研发机器人课程、小牛顿幼儿科学课等特色科技课程，采用互动体验式教学，激发学生对科学知识的兴趣，让学生主动参与和学习，在学习过程中培养观察能力、动手能力、思考能力，提高对基本科学知识、技能的应用能力。

2. 学科辅导类课程

倡导快乐学习，与知名学科机构、教育家合作，从如何提高学习兴趣和效率入手，教授科学的学习方法和思维方式。

基本信息

地　　址：厦门市思明区体育路95号文化艺术中心

邮　　编：361012

电　　话：0592-5611052

传　　真：0592-5371506

网　　址：www.xmstm.com.cn

开馆时间：9:00～17:00（周一闭馆，节假日照常开放）

4D电影放映时间：10:00，11:00，15:00，16:00（平日）

10:00，11:00，12:00，14:00，15:00，16:00（节假日）

走进科学技术馆

Xiamen Science and Technology Museum

Xiamen Science and Technology Museum was opened on March 16, 2007. The Museum is located at Cultural and Art Center, the largest project of cultural facilities in Xiamen. The total area of the museum is 17,000 square meters, including 10,000 square meters for exhibition.

The theme to design our exhibition halls is "People • Technology • Harmony". Thus, there are five thematic pavilions, namely "Marine • Cradle" hall, "Exploration • Discovery" hall, "Creation • Civilization" hall, "Harmony • Development" hall and "Children • Future" hall.

Totally, there are 188 items or 248 interactive exhibits. Some of them are famous in Fujian Province, even in China. For example, we built the first national Magnetelectricity Great Stage in China, where we produced a stage play to reveal the relation between magnetism and electricity. After research, we designed the first national platform to simulate the earthquake in China, which could show the real waveform of Tangshan Earthquake and synthesize the vibration form three dimensions. In addition, we created the first national Water Clock in China, which is a water power timing device.

Xiamen Science and Technology Museum has held almost 100 featured exhibition and activities with a clear theme since it opened, such as “Dinosaur Exhibition”, “Biologica Evolution Show” and so on. Nearly 30 percent of people in Xiamen have visited our museum. As the survey shows, more than 60 percent of visitors were frequent customers, about 95 percent of visitors thought our museum was attractive and 96 percent of visitors said they learned much from our exhibitions.

Xiamen Science and Technology Museum has become one of the important windows to show the growing features in Xiamen, which are “City of Culture”, ”City of Technology” and ”City of Arts”. In a word, our goal is to become one of the first-class Science and Technology Museums in domestic. Besides, we will commit ourselves to promotting the culture exchange between mainland and Taiwan Island.

Address: Culture and Art Center, No. 95, Sport Rd., Siming District, Xiamen.
Phone: 0592-5611052　Fax: 0592-5371506
Web: http://www.xmstm.com.cn
Opening time: 9:00-17:00 (Closed on Monday except holidays)
4D film showing: 10:00, 11:00, 15:00, 16:00(weekdays)
10:00, 11:00, 12:00, 14:00, 15:00, 16:00(holidays)

江西省科学技术馆

场馆概述

江西省科学技术馆是“十五”时期江西省委、省政府投资兴建的重点工程，坐落于赣江之滨，与江南文化名楼滕王阁相毗邻。1997年立项，2000年4月动工兴建，2002年9月正式开馆。占地面积4.6万平方米，建筑面积1.6万平方米，总投资1.45亿元，由主展厅、儿童科学乐园、宇宙剧场、国际会议厅、青云厅及世纪广场等组成，是以展览教育为中心，集科技培训、科学报告、科学实验和科技影视为一体的大型科普教育基地。

江西科技馆整体设计以“超弦生万物、对撞生新态”为构想，展区主体建筑组合处于螺旋运动的轨迹上，产生强烈的“超弦”、“对撞”动感，蕴含深刻的科技寓意。极具现代感的外形，使江西科技馆成为英雄城南昌市一道亮丽的风景线。

多年来，江西科技馆坚持立足科普，紧跟时代脉搏，创新发展理念，拓展服务领域，在提高公众科学文化素质、繁荣科普文化事业、促进经济社会发展方面发挥了积极作用。迄今累计接待观众300余万人次，先后被评为“全国青少年科技教育基地”、“青年科技创新教育基地”、“中国自然科学博物馆协会先进集体”、“全国青少年健康成长教育基地”、“江西省青少年校外活动示范基地”。

江西省科学技术馆全景图

展厅规模

江西科技馆主展厅7000平方米，分为天工厅、智慧厅、开物厅三个展厅和序厅、航空航天、交通能源、走进地球、聪明机器人、巧妙机械、科技表演、知识探秘、神奇材料、信息之光、生命奥秘、动手园地、体能测试、儿童天地14个展区。内设260件(套)展品，其中90%以上可动手操作，让观众亲身体验科学技术带来的无穷乐趣。为更好地发挥科普场馆公益性基础设施的作用，主展厅从2005年1月1日起向未成年人免费或优惠开放。

儿童科学乐园面积为1100平方米，以自然、科技、智慧为主题，分科海探梦、太空之旅、游艺天地、贝贝乐园、感觉统合训练、儿童水世界和四驱赛场7个展区。

四川震区小金县儿童参观主展厅

特色影院

宇宙剧场是直径为31.5米的球形建筑，面积为2100平方米，共分三层。一层为4D影院，装备北京恒润科技有限责任公司4D影院放映系统，内设70个座位；二层为院士厅，陈列了54位江西籍和在江西工作过的中国科学院院士和中国工程院院士画像及生平；三层为穹幕影院，装备美国Iwerks公司的8片孔70毫米穹幕电影放映系统，内设286个座位。

科普活动

江西科技馆在做好常设展览教育、科普影视教育的基础上，积极开展富有特色、形式多样、公众喜闻乐见的科普活动。邀请中国科学院老科学家科普报告团成员及省内知名专家、教授，举办面向中小学生、机关干部、市民的科普报告会，打造“科普大讲堂”这一面向公众传播科学知识、弘扬科学精神的知名品牌；围绕节能减排、防灾减灾、能源环境、航空航天、奥运科普、食品安全等社会热点话题，举办各类短期主题展览，贴近百姓生活，满足公众需求；利用寒暑假进行科教片展播、科技小制作、科学小实验等科普教育活动，使科技馆成为拓展学生素质的“第二课堂”；推行互动式科普，首次将科普互动表演剧引入江西，反响热烈；利用科普大篷车把科普知识送入县乡、社区、学校、军营，打造“流动科技馆”；创办《科普之窗》杂志，组织编写《中外科普美文精选》、《抗洪救灾科普知识读本》等科普读物，扩大宣传阵地。开馆以来，共组织科普报告会50余场次，举办科普展览30余场。

科普互动表演剧

场馆特色

芬兰外宾体验展品

江西科技馆紧密围绕国家和地方经济社会发展实际，在做好日常科普工作的同时，主动服务不断强化科普功能，拓展科普领域。开馆以来，先后承办了联合国可持续发展实施目标国际研讨会、国际傩文化学术研讨会、同促崛起高层论坛、江西科研成果与企业见面推介会等多项重大会议和活动，树立了良好的社会形象，赢得了广泛的社会影响力。2009年，围绕建设鄱阳湖生态经济区这一国家战略和江西省委、省政府实施科技创新“六个一”工程的重要举措，编写出版了《鄱阳湖生态经济区建设知识普及读本》和《科技创新“六个一”工程知识普及读本》，在全省各级领导干部中发放；举办鄱阳湖生态经济区建设和科技创新“六个一”工程知识普及展，并深入宜春、赣州、新余等地区进行巡展。活动开展以来，不但受到社会各界的广泛好评，而且得到了省领导的充分肯定，在促进科学普及、提高公众素养和营造创新氛围方面发挥了积极作用。

江西科技馆与其他省市（自治区）科技馆广泛开展交流与合作。2005年，江西科技馆率先发起，联合深圳、西安、沈阳、天津、合肥的科技馆，建立了“870穹幕电影协作网”，倡议联合招标、统一订片、在六家科技馆轮换放映的新思路。这种全新的租片方式打破了国外供片商的垄断，不仅丰富了片源，使进口穹幕影片由原来两年一部缩短到半年一部，而且有效节省了购片成本。这一做法得到中国科协领导的充分肯定，被誉为科普“江西模式”。目前，协作网运作态势良好，成员单位之间广泛开展技术交流和资源共享，对促进科技馆的健康可持续发展起到了积极作用。

发展历程

面对全国科技馆建设蓬勃发展的形势，江西省科技馆抓住机遇，积极探索，开拓创新，多措并举，着力增强场馆发展后劲。2003年，为补充和完善展教功能，建成儿童科学乐园并投入使用；2008年，启动展品更新改造工程，按照“统一规划、分步实施”的原则，逐步撤换、淘汰部分陈旧、毁损的展品。目前已有5项共30余件新进展品投入使用，完成了18件（套）展项的更新采购工作，展品的科学性、知识性、趣味性和新颖性进一步提升；加强科普研发，申报的“倡导低碳生活、维护生态平衡”项目顺利入围中国科技馆2010年度临展开发项目，现已通过专家评审进入深化设计阶段；同时，积极推进二期工程建设，2008年获江西省发改委批准立项。

相信在不远的将来会有一座功能更加完善、设施更加齐全、管理更加科学的现代化科普场馆呈现在市民的面前，江西省科技馆这颗科技与智慧的明珠必将在赣鄱大地上放出更加璀璨的光芒。

基本信息

地　　址： 江西省南昌市新洲路18号　　**邮　　编：** 330025

电　　话： 0791-6597141/6594821　　**传　　真：** 0791-6597141

网　　址： www.jxstm.com

开馆时间： 9:00～16:30（周一、二闭馆，节假日照常开放）

交通线路： 市内乘205路公交车直达或乘7，8，12，17，20，26，27路公交车到中山桥下，步行即到

Jiangxi Science and Technology Museum

Jiangxi Science and Technology Museum is located by the Gan River, adjorning to the southern renowned cultural site –Tengwang Pavilion. With a coverage area of 46,000 square meters and a construction area of 16,000 square meters, it is composed of these sections including the Main Exhibition Hall, Children's Science Amusement Park, the Universal Theater, International Meeting-room, Blue Cloud Gallery and Century Square. It serves as a grand educational center of popular science through the popular science activities focusing on exhibiting and supported with training, lecturing, experiencing and instructive films.

There are 260 sets of exhibits in the Main Exhibition Hall, more than 90% of which is open to hands-on operations, enabling the visitors to experience the endless funs brought by science and technology; 4D Theater and Dome Theater expose the audiences into the constantly changing film landscapes to enjoy the immersive experience; and with "nature, science &technology and wisdom" as its themes, Children's Science Amusement Park provides a relaxed environment for children to learn science and technology, so as to educate through entertainment and develop intelligence as well as keep fit.

Jiangxi Science and Technology Museum was officially opened to the public in September 2002 and so far had received a total of more than 3 million visitors. It has successively won honorary titles as "National Science and Technology Educational Base for Youth", " Science and Technology Innovation Educational Base for Youth", "Advanced Collective of Chinese Association of Natural Science Museum", "National Healthy Growth and Educational Base for Youth"and "Jiangxi Demonstration Base for Youth's Extracurricular Activities ", etc.

Address: No.18 Xinzhou Road, Nanchang City, 330025, Jiangxi Province, P.R. China.

Bus: In urban area, No. 205 bus can take you directly to the museum; or you can take No. 7, 8, 12, 17, 20, 26 or 27 bus to Zhongshan Bridge, then you can easily get to the museum on foot.

Tel: 0791-6597141/6594821

Fax: 0791-6597141

Web: http://www.jxstm.com

Openingtime: 9:00-16:30 (Closed on Monday and Tuesday except holidays).

赣州科技馆

场馆概述

赣州科技馆是赣州市委、市政府投资兴建的大型科普公益设施，坐落于环境优美、交通便利的赣州市黄金广场东南侧。该馆始建于2005年11月18日，2006年9月1日正式对外开放，占地面积约6600平方米，是一所集科技展览、教育培训、学术交流、互动娱乐为一体的综合性科技活动场所。赣州科技馆开馆4年来，共接待了各类参观团体200余个，参观总人数达50万余人次，举办大型主题科普活动20多项，放映科教电影和天文节目万余场。

赣州科技馆外景

展厅规模

赣州科技馆共4层，展厅面积约3700平方米，总投资约2600万元，土建投资约为820万元，展品及布展总投资1280万元，下设展区18个，常设展品160余件，是一所集科技展览、教育培训、学术交流、互动娱乐为一体的综合性科技活动场所。

天象厅外景

特色影院

4D影院位于科技馆4层，可容纳40名观众，它集合了风、雨、雷、电、雪等环境效果。同时，配合座椅产生的升降、震动、扫腿等效果，让观众更拥有身临其境的感受。

天象厅位于赣州科技馆4层球形场馆内，设备由四川成都光明金都公司提供，总投资68万元，由天象仪、内外天幕等仪器构成，外天幕直径为13.7米，内天幕直径为11米，能容纳80人同时观看。它是赣州市唯一一座功能齐全、设备先进的天象场馆。

科普活动

赣州科技馆从开馆以来就注重开展各种科普活动，如："阳光乳业庆五一，识科普"主题活动、"庆六一，欢乐亲子游"科普体验活动、"关爱留守孩"科普公益活动、联合市科协举办"关爱地球，珍惜水资源"活动；联合市科协举办"全国科普日"系列活动：科普体验、专家讲座、科普进社区；"安利杯"——庆国庆系列活动：、"安利杯"征文绘画比赛暨我最喜爱的科技展品、科技展品大比评、“关爱弱势群体，共建和谐赣州”科普关爱活动；“庆六一，美丽的泡泡”科普专场演出；科普兴国行暨科普下基层活动；“盛世天文，日食奇观”暨日全食现场体验活动、“全国科普日”开放日暨科技展品大比评活动等一系列活动来改变展教形式和提高服务质量，受到了广大市民和领导的好评。

场馆特色

赣州科技馆的整体设计，以红色和灰黑色为主色调，寓意着赣南为“红色故都”和“世界钨都”。在选择展品时，科技馆坚持“基础学科选精品，高新技术选新品，赣州展项选特色”的原则。所有展品都具备科学性、知识性、趣味性，强调展品的安全、互动和可管理性。该馆的儿童乐园展区是由科技馆的工作人员自己设计搭建的，深受少年儿童的喜爱。攀爬是小朋友最喜欢的游戏之一，在这里不仅使小朋友的体格体能得到锻炼，而且培养他们坚韧、勇敢、自信的品质。

赣州市委、市政府立足自然资源的优势，在节约集约利用资源中培植壮大优势产业集群，按照“整合资源、发展精深加工,实现集约发展”的思路，逐步把赣州建设成为全国重要的有色资源及产品的流通、交易、加工集散地。在赣州科技馆三楼的能源材料展区，有一件富有赣南特色的展品——赣南矿产资源博览，它利用展板展柜、多媒体显示屏、实物陈列等方式，将赣南有色金属与稀土矿产的形成及应用展示出来。赣南矿产资源丰富，素有“世界钨都”、“稀土王国”的美誉。

发展历程

赣州科技馆始终坚持“弘扬科学精神，传播科学思想，宣传科学方法，普及科学知识”的新理念，以提高公众的科学文化素质为办馆宗旨，以“提升城市品位，搭建科技创新平台，为赣州经济社会发展服务”为建设目标，让游客“来得放心、看得顺心、玩得开心、回得舒心”，为赣州市科普工作的开展和公众科学素质的提升作出了应有的贡献。开馆几年来，该馆注重与国内同行的交流，积极参加各种学术交流活动，虚心学习先进的科学教育理念，不断提高展教水平和管理水平。

近年来，该馆对展厅环境和陈旧展品进行更新改造，不断增加创新性展品。2009年10月，开馆3周年之际，市财政拨付专项资金234万元用于科技馆的一期改造工程。改造后的新展区以亲近大自然和环保作为主题，丰富了展区和展品的展示内容，达到了“玩中学，学中乐，乐中有探索”的效果。

基本信息

地　　址：赣州市翠微路（黄金广场东南侧）　　**邮　　编**：341000
电　　话：0797-8401518　　**传　　真**：0797-8401518
网　　址：www.kjg0797.cn
开馆时间：9:00～17:30（周一、二闭馆，节假日照常开放）

Ganzhou Science and Technology Museum

Ganzhou Science and Technology Museum officially started on December 18th, 2005 and started opening to the publics on September 1st, 2006. The project costs almost RMB 26 million with a total building area of 3700 square meters. The museum is comprehensive place of technology which contains Science and Technology Exhibition, Educational Training , Academic Exchange and Interactive Entertainments, it also has 18 exhibition areas and over 160 exhibits.

1. Design connotation Using red and ash black as the main color, which means the theme of the rapid developing of Ganzhou technology, it also means that Ganzhou is well-known as the former red capital and the rare earth kingdom.

2. Exhibits Design the museum focuses on understanding common sense, revelation principle, feeling the power of technology and exploring future. For the purpose of making people learn the popular science with their greatest enthusiasm, we also encourage vistors to try some of the exhibits themselves and participate in some outside activities.

3. Exhibits selection all the exhibits are characterized by scientificity , knowledge , enjoyment , safety, interactivity and manageability. we insist on the principle of choosing , basic subject needs to be high quality, high technology needs to be new, local exhibits need to be special.

4. Organization Purpose In order to improving the cultural scientific literacy of people, we work on the new idea of four-sciences which is the promotion of the scientific spirit, publicity of the scientific thinking , spread of the scientific approaches , dissemination of the science knowledge.

5. Organization aim We focus on the goal of raising the overall status of our city, building a platform of technical innovation , serving the social and economic development of Ganzhou.

6. Service conception Letting our visitors come and back with relieved, satisfactory, happy, comfortable is what we are trying to do.

After several years of Operation, Ganzhou Science and Technology Museum has achieved great social benefits and economic benefits. It has gradually become an important window of accepting Popular Science Education, especially for young people. Ganzhou science and technology museum also has been honored with the base for Popular Science Education for young people in Jiangxi province and the unit in the development of socialist ethics, culture established jointly by the army and civilians and so on , it has given into full play the role of the base of Ganzhou Popular Science Education, it also has succeeded in building our own brand effect .

Ganzhou municipal party committee and government leader were giving the clear instruction about wearing and tearing of the exhibits while inspecting Ganzhou Science and Technology Museum.'Ganzhou Science and Technology Museum should increase the change and upgrade of exhibits and intensify the function adjustment for display area ' He said . Under the leadership of our municipal Party committee and municipal government and with the support of Ganzhou people, Finance Bureau offered a special fund to support our organization. We finally established the scheme of adjustment of exhibition area. After careful investigation , strict bid inviting and checked and approved by Ganzhou municipal party committee and government leader.

Remaking four exhibition areas, updating part of the exhibits and realizing entertainment interaction are our general objective this time around. We tried to focus on the adjustment of the four exhibition areas such as river world , little workshop, park of parent-offspring , toy house and so on in the ground floor. In order to pay more attention to participation , interaction entertainment and safety , We have added 22 new exhibits which mainly are high technological exhibits , as a supplement are basic exhibits.

Address: Cuiwei Rd, Gan zhou city, Jiang xi province, 341000, P.R. China
Phone: 0797-8401518
Fax: 0797-8401518
Web: http://www.kjg0797.cn
Openingtime: 9:00-17:30 (Closed on Monday and Tuesday except holidays)

山东省科技馆

场馆概述

山东省科技馆外景

山东省科技馆于1956年成立并筹建，1958年正式开馆，建筑面积2537平方米，是当时全国首批科技馆之一，主要举办流动展览、科普报告、各类培训班等活动，在普及科学知识、提高社会公众科学素质等方面发挥了重要作用。目前的山东省科技馆是利用旧建筑改造而成，坐落在济南市中心的泉城广场，占地面积8400平方米，建筑面积21000平方米。自2004年1月开馆以来，始终坚持“科学、大众、公益、开放”的办馆方针，大力开展以科普展教活动为主的各项工作，每年接待观众均超过100万人次。

人潮涌动的山东省科技馆

展厅规模

常规展厅12000平方米，共四层，以“人类·探索·创新”为主题布设的400多件展品，涵盖了数学、物理、化学、天文、地理、生物、能源、材料、海洋、农业、交通等多项学科，形象地诠释科学道理，让观众与展品产生互动，切身体验科学的魅力，加深对科学的理解，感悟科学的力量。

山东省科技馆序厅

特色影院

一层设立独立的4D影院，装备有深圳华强科技技术公司生产的具有120° 环形银幕和有特效功能的Huaqiang座椅40座及数字播放系统，可放映科学教育影片。

科普活动

◎ 充分发挥常展主阵地作用

在常年向社会公众开放的同时，还利用常规展厅开展了大量的公益活动，每年资助1000～3000名学生免费参观科技馆，其中“奉献爱心　科普助学——资助3000名农村贫困学生参观科技馆”、“三十个经济欠发达县留守学生暑期走进科技馆”、“手拉手，心连心——北川英雄少年山东科技夏令营”、“科技之光——1000名农民工子女免费参观科技馆”、“科普剧表演”等活动对社会影响深入广泛。

“手拉手，心连心——北川英雄少年山东科技夏令营”活动，营员正在观看“火箭发射”展品

科技之光——1000名农民工子女免费参观科技馆

◎ 青少年科技活动异彩纷呈

我们每年坚持举办的科技馆活动进校园深受老师和学生们的欢迎。其中，科普报告百校行活动，组织专家报告团辗转全省150多所学校举办专题科普报告会。多次承办中国儿童青少年计算机表演赛山东赛区决赛、山东省青少年电脑机器人比赛、山东省“科技点燃梦想、创新成就未来”科普素质大赛，还举办了山东省青少年科技辅导员论文征集、山东省青少年科普小论文评比、山东省大学生动漫节等深受欢迎的活动。

场馆特色

◎ 积极举办各类专题展览

临时展厅2000平方米，每年结合社会热点和政府工作重点举办节能减排、环境保护、国防教育、航空航天、健康上网等各类专题展览30余次。其中，“节约能源，保护环境”、“嫦娥探月工程暨神舟七号科普展”、齐鲁国际动漫展、“远离网瘾 健康上网”、“‘庆国庆 迎全运’国防教育科普展览”、“承载希望，憧憬未来——黄河三角洲高效生态经济发展科普展览”等科普系列活动，取得了较好的社会效益。

◎ 数字科技馆全天候服务

山东省数字科技馆项目是国内首家视频科普网站。经过3年建设，共完成展件154个，流媒体科技视频节目155个，于2008年12月31日向社会正式开通。目前，又结合素质教育和教学改革制作了物理、化学两大主题课件包，强化了中学课程教改的科学体验内容。

◎“流动科技馆”工程辐射全省广大城乡

在科普大篷车的基础上，我们研制开发了以“科学、体验、流动、共享”为主题，涵盖150件科普展品的流动科技馆，每套流动科技馆每年可巡展4～5个县（市），计划用5年时间设计制作6～8套科普展品，实现“流动科技馆县县通”工程。2009年10月17日在菏泽市定陶县进行试点，2010年3月12日在日照市五莲县举行了隆重的启动仪式。目前，已有5套展品在全省各地巡展。

发展历程

山东省科技馆于1958年正式开馆，50多年来，坚持“科学、大众、公益、开放”的办馆方针，面向社会公众大力开展以科普展教为主要内容的各项活动。目前的山东省科技馆是利用旧建筑改造而成，占地8400平方米，总建筑面积21000平方米，分为科普展览和科技活动两大区域，展品400多件。自2004年开馆以来，始终把社会效益放在首位，竭尽所能普及科学知识、弘扬科学精神、传播科学思想和科学方法，为提高广大人民的科学文化素质，促进科普事业的发展服务，大力开展以科普展教活动为主的各项工作，每年接待观众均超过100万人次。

山东省科技馆同时具备学术交流、科普报告、天象观测、4D电影放映、科普展品研制、青少年科技制作、科普大篷车等内容和功能，是社会公众特别是广大青少年学习科学知识的殿堂，是传播科学文明和社会主义先进文化的重要阵地和窗口。

通过不断创新工作思路和改进工作方法，山东省科技馆以常规展览为主阵地，专题展览为补充，科普活动为牵引、“流动科技馆县县通”工程为拓展，数字科技馆全天候服务，初步形成了一个立体化、全方位、整体覆盖的科普展教网络。

为实现常展常新，每年投入一定的资金有计划地对部分展区进行改造；同时，加强展品维护维修，展品完好率始终保持在95%以上，并加大展品研发工作力度，完成“食品·添加剂·健康”大型科普展品展项制作和青少年科学实践体验区改造。

基本信息

地　　址：济南市历下区南门大街1号　　**网　　址：**www.sdstm.cn

电　　话：0531-86064816(传真)　　**邮　　编：**250012

开馆时间：9:00～16:30（周一、二闭馆，节假日照常开放）

乘车路线：乘14，19，44，49，66，72，80，102，106，128，165，K109，K50，K51，K54，K59，K95，K96，游708路到“泉城广场”站下车；乘14，36，70，K55路到“舜井街”站下车；乘1，3，5，101路到“泉城广场（黑西路）”站下车

Shandong Science and Technology Museum

Shandong Science and Technology Museum was officially opened to the public in 1958. Over the past 50 years, we have always been adhering to the principle of "Science, Public, Public Benefit and Opening Up", and launching kinds of activities with the main content of popular science exhibition and education to the public. At present, Shandong Science and Technology Museum is transformed from old building. It covers an area of 8,400 square meters, and its total construction area is 21,000 square meters. The museum consists of two areas of popular science exhibition and science & technology activity, and has over 400 exhibits. Since 2004, we have always been putting the social benefit in the first place, doing our best to popularize scientific knowledge, promote scientific spirit and spread scientific ideas and methods, servicing for raising the public's scientific and cultural quality and promoting popular science career development, and launching kinds of activities with the main content of popular science exhibition and education to the public. Every year over one million viewers come here.

Shandong Science and Technology Museum can also offer academic exchange, popular science report, astronomical observation, 4D film, research and manufacture of popular science exhibits, youth science and technology production, scientific popularization caravan etc. at the same time. It is a palace for studying scientific knowledge by social public, specifically by youth, and also is a position for spreading scientific cultivation and advanced socialist culture.

Address: No.1 Nanmen Street, Lixia District, Jinan, 250012, P.R. China
Web: www.sdstm.cn
Tel: 0531-86064816 (Fax)
Opening time: 9:00-16:30 (Closed on Monday and Tuesday except holidays)
Transportation:
14,19,44,49,66,72,80,102,106,128,165,K109,K50,K51,K54,K59,K95,K96,Visiting708 "Spring City Square" Station Get off
14,36,70,K55 "Shunjing Street" Station Get off
1,3,5,101 "Spring City Square" Station Get off

临沂市科技馆

场馆概述

临沂市科技馆坐落在风景秀丽的北城新区，是市委、市政府确立的2009年全市科技文化设施建设标志性工程之一，是市委、市政府确定的为提高公众科学素质所做的十件实事之一。临沂市科技馆一期工程占地面积近2万平方米，建筑面积1万平方米，总投资近亿元，以“自然、科技、社会”为主题，由常设展厅、儿童科学乐园厅、临展厅、科技影视厅、学术报告厅和青少年科学工作室六大功能区组成，共有各类展品展项110余件，涵盖自然科学、信息科学、环境科学等多学科领域。以故事线、知识链等方式构建展区和展品内容之间的有机联系。二期工程——临沂市科技馆主体楼正在积极筹建中。

临沂市科技馆外观

展厅规模

临沂市科技馆展厅面积0.7万平方米，分上下两层。一层分别为序厅、儿童科技乐园厅和临时展厅，二层为常设展厅。序厅以服务、导览为主，有“数字星球”、“机械墙”两件标志性展品。临展厅主要用来进行不定期的主题展览,展示内容以社会热点和公众关心的话题为主。截至目前，“南极专题展”、“人与健康展”、“心理与健康”、“全市第二届鲜切花展览”、“走近科学—古今动物总动员科普展览”等展览先后在临展厅举办，数十万余观众从中受益。“儿童科学乐园”，专为3～8岁的儿童设计，分为科学城堡、生命乐园、奇幻地带和欢乐竞技4个主题。本展区以“始于欢乐，终于智慧”为目标，使孩子们在游戏中培养科学兴趣、启迪科学思想、鼓励探索精神。二层常设展厅分为探索与发现、科技与生活两大展区，包括知识魅力、航空航天、自然奇趣、信息技术长廊、人体奥秘、新能源新材料6个主题。作为山东省第一个开馆的具有完备功能的地市级现代化科技馆，自2010年6月1日建成之日起就引起了社会各界的广泛关注，开馆五个月已接待了近30万参观者。

临沂市科技馆序厅

临展厅“人与健康展”展

新能源展区

特色影院

临沂市科技馆4D影院面积130平方米，可供56人同时观看。影院配备了刮风、下雨、闪电、烟雾等特效设备，配合立体影片观众可以体验到左右运动、触须扫腿、后俯仰、跌落、喷气、喷水、震动、耳音、颠簸、抖动、滚珠、捅背等12种特效功能。各种特效元素与科普影片主题相呼应，完美再现影片所表达的内容。

科普活动

为了充分发挥科技馆在科普工作中的窗口和阵地作用，临沂市科技馆积极组织丰富多彩的青少年科技竞赛和科学实践活动，启迪未成年人对科学的兴趣。一是科技活动激励青少年成长。举办青少年科技创新大赛、七巧科技系列活动竞赛、青少年海陆空模型竞赛暨展示、信息学奥赛、科技辅导员论文和科教制作竞赛、"青少年科学素质行动"、"走进春天、迎奥运"、"千名农村优秀学子暑期走进省科技馆科普助学活动"、"川鲁一家亲，沂蒙科普行"、"万名沂蒙学子科普之旅"、"全国模型邀请赛"等活动，既丰富了在校青少年的课外生活，又极大地推动了我市青少年科技活动的广泛开展。全市每年有近10万名学生参加，累计获得国家奖500多个、省奖19000多个；二是将关注农村青少年作为青少年科普教育工作的重点。举办科普大篷车沂蒙行和科普大篷车农村学校巡展，发挥流动科技馆作用，把科普直接送到农村校园和青少年当中，使他们不出校门就能参观到科普展览。自2006年以来，大篷车共走进15个县区、200多所学校，50多个社区，约50万学生从中受益，为农村热爱科技的优秀青少年举办"科学家科普报告进校园"、"科学夏令营"、"沂蒙青少年科普游"、"科技教育培训"、"科普电影放映"，扶持农村青少年参与各类科技竞赛活动等；三是积极组织青少年参与科普、与科学专家面对面交流搭建平台。自2001年起，9年来我们邀请中科院老科学家科普报告团连续为我市134家单位和学校做了152场科普报告，报告内容涉及航空航天、防震减灾、天文、国防、物理知识等内容，受益人数达59余万。

观众参观儿童科学乐园

场馆特色

临沂市科技馆在建设和布展中充分体现节能、节约、低碳理念，楼体建设使用了近1000平方米的玻璃幕墙，使其吸收自然光，既体现建筑美学、结构设计等特点，又体现作为围护结构的保温节能等特性。在二层设置一个400平方米的采光区，利用自然光，降低能源消耗。

科技馆在布展中充分采用节能低碳元素，将二层整面西墙和南墙近330平方米的展带，布展装饰为自然光灯箱墙面。灯箱中均注入了环保吸光粉，充分吸收自然光，让室外自然光线替代灯光照明。即使室外是阴天，灯箱也同样会有很好的展示效果，在宣传节能科学知识的同时还兼具有夏季隔热、冬季保暖的环保功能。利用采光区设置"新能源"展区，展区内的节能知识宣传、能源树、能源小屋、地热能、风能、核能、潮汐能、生物质能发电等展项体现了对节约能源的宣传节约和利用方式。同时，还设置了"节能亲体验"展项，如脚踩发电机系统，手摇发电机系统可亲身体会发一度电需要付出多大力气，从而深刻体会节约一度电的意义；动脚踩脚踏车，感受风能发电的力量等。本展区注重培养关注时代、关注科技应用的社会责任感，培养勇于探索的创新意识和知识的综合应用能力。

发展历程

临沂市科技馆老馆于1991年建馆，建筑面积3100平方米，展厅面积1000平方米。多年来，在市委、市政府的大力支持下，在市科协党组的正确领导下，充分发挥老馆在青少年科普工作中的窗口和阵地作用，面向广大公众和青少年学生，举办丰富多彩的科普展览、青少年科技竞赛和实践活动、科普培训等，科普展厅常年向社会公众尤其是青少年开放，累计接待观众100余万人并先后在省内外100多个地市和全市15个县区的近千所学校进行巡回展出；流动的科技馆——大篷车，深入基层，常年在九县三区进行巡展，无数中小学生从中受益；青少年工作室坚持品牌创新，开展丰富多彩的青少年科技实践活动，取得良好的社会效益。临沂市科技馆先后被授予山东省科普基地、全国青少年科普教育基地、中国青少年社会教育“银杏奖”优秀团队奖等荣誉称号。

临沂市科技馆新馆于2009年5月开始动工，市委市政府高度重视临沂市科技馆的建设，将临沂市最好的黄金地段划给了科技馆。建设过程中，市委、市政府主要领导多次亲临现场指挥调度。临沂科技馆新馆注重以人为本原则，把促进人的全面发展、满足市民对现代科技知识的渴望和提高科学素养的客观需求为根本出发点；不仅展示重要的科学原理、过程、现代科技发展和科技创新活动内容，更重要的是使沂蒙老区的公众在参与科技馆科普展品和体验科普活动中，能够普及科技知识，提高科学素养，为公众营造从实践中学习科学的情境，尤其是发挥科技馆作为青少年科技活动的平台作用。

临沂市科技馆非常重视员工素质的提升，先后制定37项规章制度和党员干部职工学习培训计划；举行全员岗位竞聘，合理配置人才资源，并层层签订目标责任书。2010年，市科技馆分别被授予“十大文明服务窗口”、“工人先锋号”等称号。

临沂市科技馆现在已成为经济文化强市建设的重要阵地、文明城市的展示窗口、大美临沂的亮丽名片。而临沂科技馆新馆在市委、市政府的大力支持下，在市科协党组的正确领导下，抓住有利时机，必将成为临沂科普教育的龙头和展示文化临沂的窗口；成为开展科技文化交流、科普活动和青少年科技教育活动的重要平台。

基本信息

地　　址：临沂市北城新区规划一路南段
邮　　编：276000
电　　话：0539-8605667
传　　真：0539-8605686
网　　址：http://www.lystm.com/
开馆时间：9:00 ~ 16:30（周一、二闭馆，节假日照常开放）
4D电影放映时间：10:30　11:00　11:30　13:30　14:30　15:30（团体包场提前预约）

Linyi Science and Technology Museum

Linyi science and technology Museum is located in the New Northern District of Linyi city. The first phase of Linyi Science and Technology Museum covers an area of 30 Mu and building area of 10,000 square meters with a total investment of nearly one billion Yuan. With "nature, science, society" as the theme, it includes the permanent hall, science park, movie & video hall, academic lecture and youth scientific studio etc. The exhibition consists of six different parts with 110 pieces of exhibits combined in a story line. The second phase project of the museum is designing now which covers an area of nearly 40 Mu and building area of 10,000 square meters.

Address: along the southern district planning road of linyi beicheng
postal code: 276000
Telephone: 0539-8605667
Fax: 0539-8605686
Web: http://www.lystm.com
Opening time: 9:00-16:30, Monday and Tuesday closed except holidays
4D movie time: 10:30, 11:00, 11:30, 13:30, 14:30 and 15:30 advance booking news (group)

河南省科学技术馆

场馆概述

河南省科学技术馆是面向公众开展科普教育宣传的公益性事业单位，是河南省重要的科普文化教育阵地、科教兴豫的基础设施、河南省科技和科普事业的重要组成部分。

河南省科学技术馆位于郑州市花园路53号，隶属于河南省科学技术协会，共有编制90人。河南省科技馆是20世纪80年代初期国内最早建成的一批省级科技馆之一。1982年第一期工程活动主楼、展览厅、科技报告厅建成投入使用；1990年第二期工程“专家之家”建成投入使用；1999年第三期工程综合科技活动楼建成投入使用。

河南省科学技术馆总建筑面积20000平方米，占地约20000平方米。其中科技活动场地7311平方米，展览厅1000平方米。“专家之家”拥有床位200余个，餐厅可供400人同时就餐。

河南省科学技术馆全貌

展厅规模

河南省科技馆展厅面积1000平方米，有两个独立展区，每年不定期举办中小型科普展览和开展全国专题科普巡展。

科普活动

河南省科技馆建馆以来，坚持正确的办馆方向，与时俱进，锐意改革，在举办科普展览、科技培训，开展学术交流和技术合作，为科技工作者服务等方面做了大量卓有成效的工作。20多年来，举办“声光电磁趣味科学展”、“崇尚科学、反对邪教”、“智能机器人”、“贯彻落实科学发展观”等大型科普展览数百余次；开展外语、计算机类培训近千期次；承办国家级科普、学术活动500余次，成功接待了“国际眼外伤学术会议”、“郑州国际近代化学学术会议”等高层次、影响大的国际学术交流活动，在全省科技界、教育界和广大青少年中引起了强烈反响，取得了良好的社会效益和经济效益。特别是一些大型的科普宣传展览和活动，受到了省委、省政府的高度重视，河南省科技馆科技文化设施的重要地位得到了社会的公认。

科普展览布展一瞥

1984年以来，河南省科技馆连续被郑州市政府授予“市级文明单位”、“青年文明号”称号，被省劳动厅、省人事厅确定为“河南省劳动技能培训基地”、“河南省继续教育培训基地”。

河南省科技馆承办“科学发展观”大型科普展览

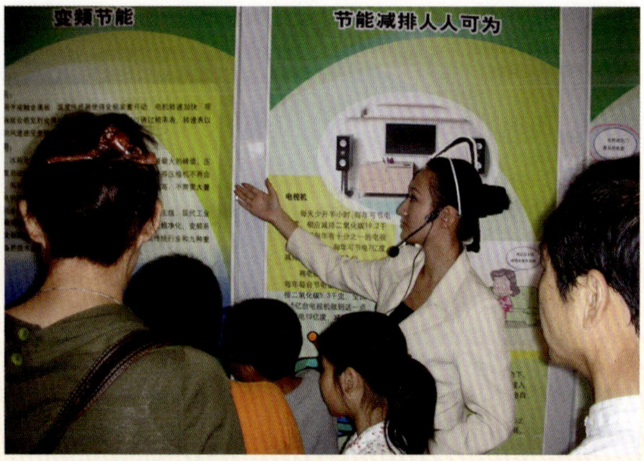

观众认真听取“节能减排”科普展览讲解

基本信息

交通路线：乘坐9，29，42，62，63，72，90，118，732，K903，909路公交车均可到达
地　　址：郑州市花园路53号
电　　话：0371-65707500

Henan Science and Technology Museum

The Science and Technology Museum of Henan Province, located at No.53, Huayuan Road, Zhengzhou City, was built in the 1980s, covering an area of 31 acres, which is composed of an architectural area of 20,000 square meters. It is an institution supported by the government to spread scientific and technological knowledge to the public, and an important field of science and technology in Henan. The infrastructure of relying on science and technology to rejuvenate Henan, is an important part of the development of science and technology in Henan. Its main purposes are to hold or undertake scientific exhibitions of large or medium scale, to offer training programs to people throughout the year and services for technological workers to do academic exchanges and technological cooperation.

Transportation routes: You can take the following buses to get to the Science and Technology Museum of Henan.

Address: No.53 , Huayuan Road, Zhengzhou City.

Tel: 0371-65707500

Bus: No.9, No.29, No.42, No.62, No.63, No.72, No.90, No.118, No.732, No.K903, No.909.

郑州科学技术馆

场馆概述

郑州科学技术馆是郑州市政府投资兴建的公益性设施，坐落在郑州市中原路和嵩山路两个主要干道的交汇处，地理位置优越，环境幽雅宜人。该馆于2000年4月29日开馆，占地面积7366平方米，建筑面积8426平方米，总投资近4000万元。外观造型新颖独特，主体建筑顶部四个风帆造型，象征科技发展如长江后浪推前浪，不断前进，主体建筑北侧圆锥形建筑，寓意现代科技如雨后春笋，蒸蒸日上。作为河南省和郑州市的一个重要的对外窗口，从开馆以来，每年接待观众30余万人次。郑州科学技术馆以其特殊的社会职能被命名为“全国青少年科技教育基地”、“全国科普教育基地”、“省级文明单位”、“郑州市十佳青少年校外活动基地”、“郑州市科协系统先进集体”等十几项荣誉称号。

郑州科学技术馆外景图

展厅规模

郑州科技馆主体建筑地上3层，地下1层，常设展厅面积4800平方米。涵盖天地自然、分形艺术、机器人、磁电、声学、光学、力学、数学、机械、趣味科学园、虚拟、电脑天地、交通航天、动手、生命、测试、4D影院等17个展区，拥有各类展品169件套,涉及多种门类的基础学科及应用技术学科。

特色影院

郑州科技馆4D动感特效影院通过立体放映系统、动感特效座椅与特效设备、计算机控制系统，共同刺激观众的视觉、听觉、触觉、感觉等各个感官，营造出使人身临其境的整体效果，全方位调动观众的各种感官活动，使观众全身心融入影片中，深受观众喜爱。

科普活动

郑州科技馆充分利用科技馆科普资源优势，紧紧围绕科技馆展品，开展丰富多彩的科普活动，使科技馆教育方式多元化，努力提高展览教育质量。组织科普大篷车下乡村、进学校、入社区；针对公众关注的科技热点举办科普报告会；每年举办公益性的希望之星夏令营，选拔品学兼优、家境相对贫寒的学生，免费来科技馆参加一系列科普活动；引进两部科普表演剧，又自编《生命时空》和《寻找多巴胺》在周末、节假日进行表演；编辑出版了“不得不做科学小实验200例”系列丛书；与高校结合，实施对中小学校长、教师进行场馆教育培训的工作。同时，作为全国首批试点单位的“科技馆活动进校园”活动也取得了较好的成绩，2007 ~ 2009年该馆“科技馆活动进校园”工作连续三次被评为全国一等奖。

科技馆活动进校园

观众亲自动手实践

观众参观展品

场馆特色

2006年，郑州科技馆将原通讯展区改造成生命科学展区，以“生命的诞生、成长、死亡及生命的延伸”为主线，重点展示“奇幻的生命之旅”，内容系统、主线清晰、富有新意。还在国内首次引进人体标本，利用全新的手法介绍生育知识，丰富展品的展示内涵，给人以深刻的印象。2009年，对生命科学展区更新了部分展项，使生命科学展区展示内容更丰富、更系统。

科技馆活动进校园是该馆的特色活动之一，以开发有特色的“科技馆科学课”、举办科学实验活动为重点，促进馆、校教育的紧密结合，多方位、多层次提高展览教育的水平和效果。近年来，在全国“科技馆活动进校园”试点工作中更加积极主动地与教育部门结合，采取“走出去、引进来”的方式，举办了两届“科技馆科学课设计大赛”、“科学小实验竞赛活动”，把竞赛与科学课、综合实践活动紧密结合起来，做到实验进课堂，实验进科技馆。

郑州科技馆非常重视临时展览，举办展览因地制宜，通过引进或利用本地资源、合作办展览、自主开发展览、交换等灵活多变的方式，有效地利用科普资源的互补和共享。还加强与当地的大专院校、企事业单位和有关科研机构合作，发挥其在产业、科研、教学等领域的优势，取得良好的效果。

发展历程

郑州科技馆是对社会公众尤其是青少年进行科普教育的重要基地。它旨在通过丰富多彩的科技活动，向公众宣传、普及科学知识，倡导科学精神，培养公众科学思维方法和创新能力。由于在坚持引导青少年爱科学、学科学、用科学的过程中表现突出，在全国省市科技馆中树立了良好的形象，得到中国科协的肯定。多位党和国家领导人及省、市领导人先后视察了郑州科技馆；中央电视台、《香港大公报》、《大众科技报》等20余家新闻媒体对科技馆进行报道达900余次。

近年来，该馆先后对4D影院、原电视展区、通讯展区、光学展区、动手园区等进行了改造，改善了参观环境，丰富了展教内容，提升了展教功能，提高常设展览整体水平和质量，取得了较好的效果。

基本信息

地　　址： 郑州市嵩山南路170号
邮　　编： 450052
电　　话： 0371-67970900
传　　真： 0371-67970900
网　　址： www.zzkjg.com
开馆时间： 冬季9:00～17:30
夏季9:00～18:00
（周一闭馆，节假日照常开放）
4D电影放映时间： 9:40～12:00　13:30～17:10

Zhengzhou Science and Technology Museum

Zhengzhou Science and Technology Museum was opened on April 29th, 2000, covering an area of 7366 square meters. The main building, divided into 3 floors on the ground and 1 floor under, includes 17 exhibit areas like Universe and Nature, Magnetism and Electricity, etc, which owns various exhibits of 169 sets, relating to different classifications of fundamental courses and applied courses.

Its permanent exhibits put an emphasis on a scientific, new exciting and effective approach to science popularization so that visitors can broaden their horizons, cultivate their scientific spirit, and ultimately inspire their enthusiasm on science learning.

ZSTM also pays much attention to make fully use of temporary exhibits and science popularization activities. It has held over 40 temporary exhibitions since it was opened. Additionally, it also organizes and holds different science popularization competitions, do-it-yourself, science-and-technology summer camp, exhibition tours by wagon in coutries and ZSTM activities in campus, and so on.

As an important window to show Henan Province and Zhengzhou City, ZSTM has receipted more than 300,000 visitors per year. Moreover, it has been honored with tens of titles such as Science and Technology Educational Base for National teenagers, National Science Popularization Educational Base, Provincial Civilized Unit, Zhengzhou Top 10 School Outings Base, etc.

In order to meet the demand of economy, culture and social development of Zhengzhou and of popular science knowledge of publicans, a new additional museum of ZSTM is in preparation with a total construction area of 45,000m^2 in plan.

Address: No.170 Songshan South Rd. Zhenzhou, Henan Province 450052 P.R.China.

Phone: 0371-67970900

Fax: 0371-67970900

Website: http://www.zzkjg.com

Opening time: Winter 9:00-17:30
Summer 9:00-18:00
(Closed on Monday except holidays)

4D Theater: 9:40-12:00 13:30-17:10

湖北省科技馆

场馆概述

湖北省科技馆位于武汉市中心地带、洪山广场东侧。主楼（一期工程）建成于1989年5月，1992年底正式开馆。现有场馆总面积7400平方米。主要科普活动有科普展览开发设计、科普展品研制、科普展教、培训活动、科普信息服务等。

湖北省科技馆外景图

科普展览、展品研发

从2000年起，湖北省科技馆开始探索科普展览、展品研发。截至2010年10月，科技馆已创作完成了33套有自主知识产权的科普展览，研制声、光、电、磁等科普展品400余件（套）。2002年6月，科技馆首次参加“全国科技馆展品创新奖”，其中“四边形中的小秘密”获得了“创意奖”；2005年科技馆在第二届“创新奖”评选中再次参评，其中“趣味水滴”获得“荣誉奖”。2004年、2006年、2008年，在中国科协举办的首届至

互动实践巡展场景

第三届全国优秀科普挂图评选中，科技馆创作设计的《诺贝尔奖与人格的魅力》、《走出抑郁症》、《解析知识产权》以及《科学定律·科学单位·科学家》之“物理篇”、“数学篇”、“生命科学篇”等作品，均荣获“优秀奖”。受中国科协普及部的委托，科技馆曾4次为“科普大篷车”制作配套展品70余件（套）。2007年9月，科技馆自主创作设计的《节约能源资源 保护生态环境 保障生命健康主题展——水资源篇》被中国科协科普部选用，配发到全国126辆科普大篷车。

宣传栏巡展场景

“一度电的故事”主题科普展巡展场景

科普巡展

除自展外，湖北省科技馆的科普展览、展品常年在全省60余座市、县科技馆及中小学校、社区巡回展出，部分展览曾赴外省兄弟馆展出。2005年8月，湖北省科技馆设计制作的“最美丽的十大物理实验”展览和展品作为中国科协选用的第一部由地方科技馆创作的展览，在中国科协2005年学术年会（新疆）上展出，随后作为中国科协庆祝世界物理年的系列活动内容之一赴京巡回展览。自2005年起，湖北省科技馆作为中国科协中小科技馆支援计划项目执行单位，负责面向西南六省开展科普展教服务，先后为16个中小科技馆提供巡展服务19场次。

基本信息

地　　址：武汉市武昌洪山路2号

邮　　编：430071

电　　话：027-87821012/87231356

The Science and Technology Museum of Hubei Province

The Science and Technology Museum of Hubei Province is located in the east of Hongshan Square, center of Wuhan. The main building (1st stage construction) was completed in May 1989, and opened up at the end of 1992.Till 2010, the museum occupies 7400 m^2 totally.

The museum commonly concentrates on following popular science contents: researching and developing kinds of popular science exhibition, designing exhibits, exhibiting and teaching popular science, offering training programs, related information service etc. Till October 2010, the museum has designed 33 pieces/ sets of popular science with independent intellectual property, and makes over 400 exhibits on sonic, ray, electronic and magnet. Besides exhibition carried out at self-venue, our exhibition and exhibits are frequently listed in the show delegation in museums, primary/ middle schools and communities of 60 cities and towns of Hubei province, and some of them are shared by fellow provinces. In August 2005, 'The ten most beautiful physical experiments' is exhibited on 2005 Science Annual Conference (Xinjiang), which is the first exhibition and exhibits from territorial science and technology museum enjoys the honor; step forwards, it is seen in series of celebration exhibitions on Physical Year, which is held in Beijing by national science and technology museum.

In June 2002, 'little secrets behind quadrilatera wins the "originality prize" of the '1st Creative Awards for China Science& Technology Exhibits'. In the '2nd Creative Awards - Y2005', 'interesting water drop' is awarded honorable prize. During the continuous competitions for China excellent popular science hanging paintings, respectively held in Y2004、Y2006、Y2008, physical chapter, mathematics chapter, biological science chapter etc. , out of "Nobel Prize vs. personal glamour", "walking out of melancholia", "reading intellectual property" and "scientific law• scientific unit •scientist", consistently get recognition awards. Appointed by the popularized branch of the China Science & Technology Museum, the Museum has made more than 70 pieces/ sets of exhibits for 'huge popular science caravan'. In September 2007, the popularized branch of the China Science & Technology Museum, widely applied to 126 popular science caravans, adopts independent design "Theme exhibition on saving energy & chemicals, protecting eco-environment and ensuring healthcare – water resources chapter". Since 2005, the science & Technology Museum of Hubei Province, as the executive unit, offering supporting services to mid-small science & technology museums of 6 provinces in Southwest China, has given show delegation to 19 museums.

Address: No.2, Hongsan Road, Wucang District, Wuhan. 430071 P.R.China.
Tel: 027-87821012/87231356

武汉科学技术馆

场馆概述

武汉科学技术馆作为湖北省会武汉市“七五”时期的重点投资建设项目，于1987年动工兴建，占地27万平方米，1990年交付使用。2005年8月，投资5000余万元进行改扩建，改扩建后的建筑面积为1.5万平方米，科普活动场地面积8600平方米，2006年12月竣工后重新对外开放。

以灰白色为主色调的科技馆建筑，风格时尚简洁、庄重；别致的屋顶造型给人变幻莫测的美感，具有强烈的现代气息，更加突显科普休闲基地的特色，体现出科技的魅力，让人流连忘返。

建馆20年来，武汉科技馆共接待观众570余万人次。近两年，武汉科技馆建设取得飞跃性发展，被评为“全国先进科技馆”、“国家创新团队奖”、“全国科普工作先进集体”、“全国科普教育基地”，被武汉市民评为“我最喜爱的博物馆”等殊荣，使武汉科技馆在湖北乃至华中地区龙头科技馆的地位得以凸现。

武汉科技馆外景

展厅规模

武汉科技馆常设展览共有4层展厅，展厅面积6400平方米，设置有儿童乐园、机器人世界、力学与机械、人与健康、探索发现、信息技术、能源与材料、声与光、电与磁等展区，90%以上的展品可动手操作，部分展品属国内首创。2010年上半年进行了展品展区更新，成功地将二层展厅改造更新为人与健康和探索发现2个新展区，增加展品50余件（套），全馆科普展品增加到300余件（套）。

在常设展厅外，武汉科技馆还设置了户外科普展示区和天象馆天文知识展区。户外科普展示区，展示有东风Ⅱ型导弹、230多米的科普画廊、全市首台科普电子屏、风光发电LED路灯、硅化木展示等项目，为烘托科技馆的科技氛围发挥了重要作用。天象馆天文知识展区是为配合天象馆影片内容设置的，观众可在此学习黄道十二宫、中外古代科学家等天文学相关知识，对天文现象直观地进行了解。

特色影院

环绕在武汉科技馆主体建筑周围的天象馆、4D影院、科学会堂为观众提供了超现实的视觉、听觉享受。

4D动感影院是一座全新概念的立体动态影院，让观众在尽情欣赏场面恢宏壮丽、撼人心魄的影片时，除了产生超现实的视觉、听觉享受外，还可感受与影片同步令人震撼的真实体验。

天象馆主体采用双层钢架结构，外形为圆形，直径13米，内部为倾斜30°，设有60个座位。天象馆主要设备采用单通道数字播放系统，配以5.1声道环绕音响，运用投影仪将图像投影在半球形的天幕上，形成浑然一体的全景画面。不仅可以使用传统光学天象仪演示星空的宏伟画面，还可放映穹幕影片，超大的半球形天幕令观众恍如置身其中，宇宙的奥秘尽收眼底。

科学会堂设有363个座位，集会议、影视、舞台等功能于一体，配备有5.1声道环绕立体声音响和多媒体、投影设备以及数字电影放映系统、24路调音台、自动舞台灯光控制系统等。科学会堂除了用作学术交流和文艺演出外，还可放映3D影片。

科普活动

2009年3月，举办“坚持科学发展　建设生态文明”大型科普知识展览

武汉科技馆成立20年来，以倡导全民科学素质教育为己任，注重科技馆教育理念的研究和实践。1990年借首届科普博览会，在武汉市成功引入“做中学”的素质教育理念；2006年，大力倡导“玩中学”的新观念；2009年，科技馆与青少年课堂教学通过“馆校结合”的手段共同探索素质教育的有效路径，现已与11所中小学签订“馆校结合”工作协议。武汉科技馆已经成为武汉市科普教育重要阵地。

武汉科技馆开展的各类丰富多彩的社会化科普活动，如青少年科技创新大赛、国际科技夏令营、科普剧表演、科普报告会、科普大篷车“四进”等品牌活动获得了社会各界的广泛认可。

观众体验“时空隧道”展品

观众参加“小制作”培训

场馆特色

长期以来，武汉科技馆坚持公益性原则，把提高广大公众，特别是未成年人的科学文化素质作为重中之重，在全国科技馆系统中率先采取了对学校预约的团体观众免费接待和对现役军人一系列优惠措施，以达到提高社会效益的目的，得到社会各界的广泛好评。武汉科技馆长期坚持不断创新特色活动，积极与武汉市团市委、市妇联和新闻媒体等单位合作，更好地为社会服务，组织了“全社会都来关心农民工子女系列活动”、“武汉科技馆与残疾儿童心连心”、“科技大比拼——《快乐对对碰》”电视栏目等活动。此外，充分发挥科技馆科普资源优势，在寒暑假期间与电台、电视台、报社、科协、科技站、青少年宫等单位联办科普夏（冬）令营，丰富青少年的假期生活，也是武汉科技馆馆的一大特色。

2007年12月6日，参加“首届北京科普资源博览会”

发展历程

武汉科技馆成立20年来，通过科普展览、科技培训和科普报告会等科普活动吸引了数以百万计的市民；科技馆的科普巡展走遍了祖国的大江南北和湖北的乡镇山村、武汉的大街小巷，为公众送去一道道科普大餐。

20年来，武汉科技馆在各级党委和政府的关怀支持下从无到有，不断成长壮大。1990年，举办武汉市第一个科普展览“武汉市首届科普博览会”；1996年“大型‘活体’恐龙暨珍奇水生动物展”，接待观众达20余万人，创造开馆以来单项展览接待观众人数的最高纪录；2002年，“跨越新世纪大型科普展”让武汉市民尽情领略科技的神奇与魅力；2005年，在汉口江滩成功举办当时国内同类展览中规模最大、真品最多、藏品最全的“2005‘遨游太空’神舟航天展”；2009年成功组织百万市民齐参与、全民学科学的日全食观测系列科普活动。

建馆20年，特别是2006年改扩建后重新对外开放以来，武汉科技馆不断扩大展示面积、更新展品、拓展并完善科普教育功能。2007年，科学会堂、4D动感影院落成；2008年，全市最大的科普宣传画廊、科普宣传电子屏和天象馆相继建成；2009年，与天象馆配套的天文知识展区建成；2010年，成功地将二层展厅改造更新为“人与健康”和“探索发现”2个新展区，增加新展品50件（套）。

基本信息

联系电话：027-82281096

官方网站：http://www.whstm.org.cn/

电子邮箱：whkjg@sohu.com

地　　址：湖北省武汉市江岸区赵家条104号

乘车路线：24，30，76，532，545，550，552，559，610，729，801，808路到赵家条站下；208，597，528，548路到武汉科技馆站下。

Wuhan Science and Technology Museum

As the key project invested to construct of period " the Seventh Five-Year Plan Period ", Wuhan science and technology museum started building in 1987, took up an area of 2.7 hectares, was made available to the users in 1990.

In August of 2005,we invested more than 50 million yuan to expand .The floor area after extending into 15,000 square meters, completed in December of 2006,reopened with an area of 8600 square meters in the popular science activity field.

With the gray white exteriors, the style of museum looks fashionable, simple, solemn. The elegant and highlighted roofs lead to the feelings of mysterious beauty and intense modern ambiences.

What's more, that it brings to us is the characteristics of the base of popular sciences and leisure and reflection of charm attractiveness of science and technology to let us indulge in it even without thinking of leaving.

Over the past 20 years, Wuhan Science and Technology Museum has set up popular science exhibition, 34 large-scale popular science exhibition and foreign itinerant exhibition that received more than 5,700,000 audience. In the past two years, the science and technology museum construction of Wuhan achieved with leap, National Advanced Science and Technology Museum, National Innovative Group's has Award, National 4A Grade Scenic Spot, National Popular Science Advanced Work-group, National Popular Science Educational Base, citizen choose as "My favorite museum-in the citizens" in Wuhan, make Wuhan Science and Technology Museum in Hubei and even central China area leading status of science and technology museum prominent.

Address: No.104 Zhaojiatiao Road, Jiang'an District,Wuhan ,Hubei
Phone number: 027-82281096
Web: http://www.whstm.org.cn/
E-mail: whkjg@sohu.com
Bus: 32, 545, 550, 552, 559, 610, 729, 801, 808, 208, 597, 528, 548.

荆门市科技馆

场馆概述

荆门市科技馆成立于2000年11月，经过多年发展，现拥有位于南城区荆门市体育文化中心一楼展厅，位于中心城区荆门市龙泉公园内的荆门青少年科技馆，位于北城区荆门市城建学校三处基地，占地40000平方米，建筑面积17000平方米。开馆以来，年均接待观众4万人次以上，为提高公众科技素质作出了显著的贡献。

荆门市科技馆科学展教中心

展厅规模

荆门市科技馆常设展厅4000平方米。位于龙泉公园内的荆门青少年科技馆展厅共1000平方米，其中一层为声光电磁展区，二层为荆门青少年科学工作室，三层为标本展区。荆门青少年科技馆坚持常年免费向青少年开放，是荆门青少年校外科技活动基地及荆门市科技教师培训基地。南城区荆门市体育文化中心一层为新馆展厅，建筑面积3000平方米，目前正在筹建中。

办馆模式

荆门市科技馆抓住难得的三次发展机遇，形成了独具特色的“一馆三中心”办馆模式。位于南城区的新馆为科学发展中心，位于中心城区的荆门青少年科技馆为青少年科技活动中心，位于北城区的荆门市城建学校为科普培训中心。

荆门市科技馆青少年科技活动中心

科普活动

荆门市科技馆自建馆以来，一直以弘扬科学精神，普及科学知识，传播科学思想和方法为宗旨，通过开展丰富多彩的科普展教活动，大力加强了公民科学素质建设，取得了显著的社会效益。一是坚持开展送科普进机关、学校、企业、社区及送科普下乡工作，年均举办各类巡展20余场次以上。二是充分利用科技馆行业的资源共建共享平台，精心举办有社会影响力的主题科普展。三是主动服务地方中心工作，创造性地开展科普活动，让地方领导充分认识科技馆在推进社会经济发展中不可替代的独特作用。四是充分发挥科技馆的科普资源优势，坚持开展“科技馆活动进校园”工作，并于2010年被中国科协确定为“科技馆活动进校园”试点单位。

科普进校园

发展历程

荆门市科技馆成立于2000年11月，当时租借荆门市城建学校教室作临时展厅。为整合社会资源，发展荆门科普事业，2003年3月，荆门市政府将荆门市城建学校整体划转为荆门市科技馆，实行“以教养馆，以馆促教，科教结合，滚动发展”的运作模式。为推进“科教兴市”战略，造福于荆门广大青少年，2005年，荆门市政府将筹建荆门青少年科技馆作为为民兴办的10件实事之一。在社会各界的大力支持下，荆门青少年科技馆于2005年3月建成开馆。荆门青少年科技馆位于国家AAAA级景区龙泉公园内，风景秀丽、交通便利，是广大青少年休闲娱乐、增知益智的首选场所。自开馆以来，荆门青少年科技馆坚持常年免费向青少年开放。为使荆门青少年科技馆服务青少年的特色更加鲜明，在中国科协的大力资助下，荆门青少年科技馆二楼改建成荆门青少年科学工作室。为进一步壮大荆门科普事业，2006年8月，荆门市委决定将当时在建的体育文化中心一层用于建设荆门市科技馆新馆。至此，荆门市科技馆发展成为湖北省区域性展教中心。

青少年在荆门青少年科学工作室参加科技制作活动

基本信息

地　　址：荆门市金龙泉大道42号
邮　　编：448000
电　　话：0724-2389320
传　　真：0724-2389112
网　　址：www.jmkjg.com
开馆时间：9:00～16:30（周一闭馆，节假日照常开放）

Jingmen Science and Technology Museum

Jingmen Science and Technology Museum was set up in November, 2000, when it rented Jingmen Urban Construction School classrooms as a temporary exhibition hall. In March 2000, Jingmen municipal government transferred the whole school to Jingmen Science and Technology Museum, carrying out the modle of "depending on education to support the museum; making good use of science and technology resources to promote education; combining science with education; recycling development".

In the year 2005, Jingmen municipal government counted building Youth Science and Technology Museum as one of ten practical things. In strong public support , it has been put into service in March, 2005. The Youth Science and Technology Museum is located in Longquan Park with AAAA-level scenic spots, beautiful scenery and convenient transportation, with which it has become the best place for young people to relax and increase knowledge. Since it was opened, it has been sticking to year-round free of charge to teenagers. To make the characteristics of Youth Science and Technolog Museum offering teenagers service more distinctive , the second floor of which was converted into a science studio for teenagers in the great assistance of China Association of Science.

Leaders of Jingmen have been attaching great importance to Youth Science and Technology Museum's construction. In order to further strengthen popular science in August , 2006, Jingmen Municipal Party Committee decided on being built first floor of the Sports and Cultural Center to serve as anothor new museum.

Jingmen Science and Technology Museum has three bases. One is the first floor of the Sports and cultural center based at Huyaguan Avenue 19, which is for exhibition. Another is Jingmen Youth Science and technology Museum located at No. 76 Xiangshan Road, which is used for science and technology activity center ; The third one lies in Jingmen urban School at No. 42 Jinglongquan Road served as science training center. They have formed a unique model of "a museum with three centers"; At the same time, it has become the regional exhibition and education center in Hubei Province. The three bases have a total floorage of 17000 square meters. The exhibition hall takes up 4000 square meters.

Since Jingmen Science and Technology Museum was founded, it has been centering on promoting scientific spirit and spreading scientific knowledge. What's more, it has been making good use of its resource advantages and making every effort to carry out various activities of popular science, which has effectively promoted public scientific quality. In recent years, Jingmen Science and Technology Museum has adhered to getting science into the institutions, schools, businesses, community and rural areas. More than 100 tour exhibitions with audience of over one millon people have been made.

To make the most use of its science resources , Jingmem Science and Technology Museum has responded positively to the call of CAST and kept up carrying out the work about "Science and Technology Museum activities into the schools". Our work is very popular with teachers and parents by combining students' technology production activities with school science curriculum effectively, which has played a vital role in developing students' practical ability and creative ability. As a result, it vigorously promotes competence-oriented education. Jingmen Science and Technology Museum is appointed as the project pilot unit of "Science and Technology Museum activities into the schools" by China Association for Science and Technology Center for Youth.

Address: Jinlongquan Avenue 42 Jingmen
Post code: 448000
Phone: 0724-2389320
Fax: 0724-2389112
Web: http://www. jmkjg. com
Opening time: 9:00-16:30(Closed on Monday except holidays)

襄樊市科技馆

场馆概述

襄樊市科技馆始建于1981年，占地17600平方米，建筑面积11000平方米，场馆建设采用园林式建筑风格，环境优美典雅，科普设施齐全，交通便利，初步达到现代化规模发展的建设标准，年接待公众在10万人以上，是隶属于襄樊市科协的公益性事业单位。2001年，积极申报和组织实施了首家湖北省创建区域性科普展教中心项目。业务范围包括举办科普展览，开展学术交流、青少年科普、科技普及推广应用，从事各类技术咨询业务、司法鉴定，开展工程和科技领域决策论证、设计、开发、转让、检测、评估、培训、信息等服务。

襄樊市科技馆外景

展厅规模

2003年8月，科技馆对原有场馆进行大规模改造和装饰，使整个馆焕然一新，新建1200平方米，常设展厅有声、光、电展区，航空航天展区，汽车模拟展区。展区配置了现代高科技展品近百件，展示内容涉及自然、声学、光学、电磁学、力学、航空航天等，成为鄂西北地区具有一定发展规模的现代化科普场馆。

特色影院

襄樊市科技馆4D科普影院采用国内先进技术，可模拟感受到风暴、雷电、下雨、撞击、喷洒水雾、拍腿等身边所发生与立体影像对应的事件。4D座椅具有喷水、喷气、振动、扫腿等功能，以气动为动力的，可放映各类科学教育影片。

科普成果

走近机器人展览实况

几年来，襄樊市科技馆充分利用科普资源广泛开展了公益性科普展览活动。科技馆相继举办了“中国载人航空航天展览”、“青少年国防教育展览”、“预防毒品与青少年犯罪展览”、“树立社会荣辱观展览”、“众志成城、抗震救灾”图片展、“科学发展在襄樊”、“走进院士书屋”、“襄樊60年工业发展成就展”、“走进低碳——从节电开始”、“走近机器人”等大型展览活动；成功组织了“襄樊市青少年学生科技节”、“科技馆活动进校园”等青少年科普实践活动；2006年在参加中宣部、中国科协、共青团中央举办的“节能在我身边——青少年科学调查”活动中，受到了新华社、《人民日报》、《中国教育报》等中央8家新闻媒体的采访报道，在全国产生了轰动效应。襄樊市科技馆不断加强与兄弟科技馆的经验交流；多次带队赴国内外各大科技馆学习交流，认真学习好的办馆经验、管理模式与活动项目，借鉴大馆先进的管理经验，并积极参加各类会议交流平台，拓宽视野，加强合作。

青少年学生科技节机器人项目

2002年，被湖北省科协定为省内地市级首个“区域性科普展教中心”。2003年以来，分别荣获湖北省科学素质工程“先进集体”、省“示范科技馆”、省“科协系统先进集体”和“市级文明单位”称号。被襄樊市政府及有关部门命为“科普教育基地”、“国防教育基地”、“禁毒教育基地”和“关心下一代工作基地”。2009年荣获省科协、省科技厅、省教育厅授予的“24届湖北省青少年科技创新大赛优秀组织奖”。

场馆特色

襄樊市科技馆连续多届举办青少年学生科技节活动，全市共有226所中小学10多万名学生参加，极大地激发了学生学科学、讲科学、爱科学、用科学的热情，提高了科技创新和动手实践能力。建立青少年科普教育基地，为青少年提供广阔的活动舞台，先后有71所学校被命名为“科普示范学校”。积极组织“青少年科技创新大赛”活动，提升青少年科技活动水平。开展以“科技馆活动进校园”为主要内容的科学实践活动。作为最先被确定为全国科技馆活动进校园试点的30家单位之一，我们采取“走出去、请进来”的方式，充分利用“科普大篷车”、“壁挂式科技馆”等流动式科普展品深入学校开展科学实践活动，连续三年被评为全国“科技馆活动进校园”先进集体。

2010年7月29日，襄樊市科技馆全新航空航天展厅打造完毕，内有中国科技馆援助的涡轮发动机、宇航服等8件价值上千万元的航空航天展品。襄樊市科技馆成为我国中部地区航空航天科普教育基地和区域性航空航天科技馆。

航空航天展览盛况

发展历程

襄樊市科技馆坚持正确的办馆宗旨和方向，为弘扬科学精神，普及科学知识，传播科学思想和方法，提高公众的科学文化素质做了大量探索，较好地发挥了科普工作主阵地和精神文明建设的窗口作用。2001年，确立了建立“综合常设科普展馆为主体，引进开发科技培训项目为补充，突出襄樊特色的区域性科普展教”方案。2003年9月28日，科普展教中心建成。2003年上半年，投入项目资金100多万元，改建声、光、电项目。2003年下半年，争取到50万元的青少年科学工作室的创建项目，成为当时全国唯一一家地市级青少年科学工作室。2004年，联合市教育局、财政局向省青少年校外教育工作联席会议办公室申请“襄樊市青少年学生校外活动中心”建设项目，于2005年批准，支持资金100万元，已建成“青少年自救安全教育中心”、“电子网络图书室”等项目。2005～2009年，利用科技馆场馆和人才资源，配合上级部门开展大型公益活动，积极争取国家补助地方科技基础条件专项基金项目共100多万元，用于改善科技馆的基础建设，提高科技馆的整体发展水平。2009年9月，在得知中国科技馆新馆即将开馆，老馆的一部分展品将要转移、捐赠之际，申请中国科技馆给予支持，将部分航空航天展品支援我馆。2010年7月，经过近一年的筹建及中国科技馆的支持，襄樊市科技馆全新打造的航空航天展厅建成。

襄樊市科技馆通过不断扩宽自身的服务领域，扩展科普展教活动内容，已逐渐成为目前我国中部地区航空航天科普教育基地和区域性航空航天科技馆，为发挥鄂西北区域科普展教中心职能，努力开创襄樊科普事业更加美好的明天作了充足的准备！

基本信息

地　　址：湖北省襄樊市新华路21号（乘坐13，533，22路公交车可到）

联系方式：0710-3220434

Xiangfan City Science and Technology Museum

Xiangfan City Science and Technology Museum was founded in 1981, covering 26.5 acres and a building area of 11,000 square meters, construction of sports facilities with garden style, elegant and beautiful environment, science facilities, transport facilities, the scale of the initial development and construction to modern standards, the annual reception more than 10 million people in the public, is part of the public welfare of Xiangfan City Associations and institutions. In 2001, positive returns and implemented the first to create a regional Ke Puzhan Hubei Education Center project. Business in organizing popular exhibitions, academic exchanges, youth science, applied science and technology popularization, engaged in various technical advisory services, expert testimony, to carry out engineering and science and technology policy-making demonstration, design, development, transfer, testing, evaluation, training, information and other services.

Address: No. 21 Xinhua Road, Xiangfan City, Hubei Province take the bus to the 13, 533, 22

Tel: 0710-3220434

Bus: Take the bus to the 13, 533, 22

湖南科学技术馆

场馆概述

湖南省科学技术馆新馆于2004年7月经湖南省发改委立项，2008年4月25日开工建设，项目总投资3.335亿元，总建筑面积为28113平方米。预计2011年3月正式开馆，预计参观人数将达到50万/年。

省科技馆内部效果图

湖南省科学技术馆于2004年7月经湖南省发改委立项，选址在湖南省政府新址的对面，位于长沙市靠芙蓉南路一侧，横跨杉木冲路，相应于被杉木冲路划分的南北两个地块，建筑亦分成南北两个部分，建筑总体形态呈“漩涡星系”的形态，南侧的主体建筑由两条“旋臂”形成，东侧一条“旋臂”向北延伸，形成北侧建筑的基本形态，地理位置优越。该项目是湖南

湖南省科技馆整体效果图

省委、省政府决定建设的重点工程，是“十一五”期间湖南省投资规模最大的公益性项目，总建筑面积为28113平方米。占地186亩，其中可供建设用地126亩，已批准总投资2.675亿元，其中建安工程1.35亿元，展品展项（包括布展）5000万元，征地8250万元（省市共建，长沙市政府支持5000万元征地）。

湖南省科技馆南馆（2010年6月22日进度情况）

湖南省科技馆北馆（2010年6月22日进度情况）

展厅规模

作为省级大馆，展示内容应当优选当代科技的重点领域，努力体现国家和本省社会经济的发展需求；展示重点是这些领域的基础科技内容，满足公众和社会发展最迫切的需求。

位置	展区名称	展品数量（件/套）	建筑面积（m^2）
南侧建筑1层	共享大厅	1	630
	制造天地	22	756
	材料空间	28	848
	能源世界	32	1071
	信息港湾	39	1112
南侧建筑2层	地球家园	30	944
	生命体验	71	2243
	数理启迪（物理）	52	1982
南侧建筑3层	数理启迪（数学）	30	778
	太空探索	25	773
北侧建筑1~2层	儿童科学乐园	41	2966.7
合计		371	14103.7

特色影院

特效影视是科技馆特色教育形式之一。湖南省科技馆设置了穹幕和4D两项。

◎ 穹幕数字影院

湖南省科技馆穹幕电影放映厅内径18米、座位170个。Digistar3计算机图像集群和软件；DLP投影机；金属球幕；5.1声道数字环绕音响；操作台；观众交互按钮。

◎ 4D影院

湖南省科技馆设50座、柱面屏幕的4D投影型放映厅一座，放映立体科普和科幻影片。放映厅位于南侧建筑一层，穹幕影厅下方。4D影院展示系统为柱状银幕四维特效影院，影院空间包括放映厅、设备间、控制室。

湖南省副省长郭开朗宣布湖南省省科馆开工奠基

场馆特色

湖南省科技馆有展品371件/套，内容涉及制造、能源、材料、信息、环境、数学、物理、生命、天文等领域。设有共享大厅、制造天地、材料空间、能源世界、信息港湾、地球家园、生命体验、数理启迪、太空探索、儿童科学乐园等展区，其中有10%以上展品是全新的设计产品。其中“杂交水稻”、“碳碳新材料”、“八百里洞庭”、“三湘院士”、“湖湘文化”等展品展项体现浓郁的湖南地方特色。

中共湖南省委书记（时任省长）周强视察湖南省科技馆建设工程

发展历程

湖南省科技馆集中精力在常设展览和其他教育内容这个“内核”上做足文章。早在2005年12月就开始筹划《湖南省科学技术馆常设展览及其他教育内容设计》方案。聘请国内著名专家为总顾问，组织相关专业技术人员到中国科技馆及天津、安徽、广东、广西、重庆、河北、宁夏、山东、山西、上海、江苏、江西、浙江等兄弟省市科技馆学习管理及建设情况，虚心求教于全国同行的专家，馆领导还到日本、韩国、美国等发达国家的科技馆吸取宝贵经验。经过三年半时间，先后在省内科技界和省直有关部门广泛征求意见、组成专门班子考察国内新建馆常设展览及其他教育内容、向全国公开招标、召开研讨会等。《设计方案》两次经国内科技界著名专家评审，三次重大修改后，于2009年7月正式出台，它必将是湖南省科技馆成功建成和良性运行的稳固基石。

基本信息

地　　址：长沙市杉木冲路
联系电话：0731-82223749
邮　　编：410000

Hunan Science and Technology Museum

The new museum project of HNSTM was established by the Development and Reform Commission of Hunan province in July, 2004. The construction began on April 25, 2008. With a total construction area of 28113 square meters and a total investment of 333.5 million Yuan. The new museum of HNSTM is expected to be opened in March, 2011.

Contact information
Unit Name: Hunan Science and Technology Museum (HNSTM)
Address: ShanMuChong Road, Changsha, Hunan province, China
Tel: 0731-82223749
Postcode: 410000

广东科学中心

场馆概述

广东科学中心是广东省委、省政府为全面贯彻落实国家《全民科学素质行动计划纲要》、推动“科教兴粤”和建设文化大省战略而投资兴建的大型科普场所。科学中心位于广州市大学城内，占地面积45万平方米，总建筑面积13.75万平方米，既是目前亚洲规模最大的科普场馆，又是科技成果与技术产品展示、推广、交易以及学术交流的综合平台。

科学中心于2004年3月奠基，2008年9月建成开放。开馆运营两年以来，观众参观踊跃，社会反应良好，接待观众300万人次，得到了国家和省市各级领导、国内外业界同行、省内外主流媒体等社会各界的广泛赞誉。科学中心还先后获得“广东省科普教育基地”、“广东省青少年科技教育基地”、“热心公益·共建首善”、“全国科普教育基地”、“全国科普工作先进集体”、“最受市民欢迎的科普基地”等荣誉称号，同时，科学中心还是国家AAAA级旅游景区。

科学中心的建成开放在业界引起了很大反响，作为广东省的名片和对外宣传的窗口，科学中心先后接待了中央政治局委员、中共广东省委委员、常委、书记汪洋，中国科协常务副主席、党组书记、书记处第一书记邓楠，广东省省委副书记、省长黄华华，全国政协副主席、科技部部长万钢等领导以及中国科协副主席、中国自然博物馆协会理事长徐善衍，国际博协中国国家委员会主席、中国博物馆协会理事长张文彬，诺贝尔化学奖得奖者巴里·夏普莱斯教授，日本未来科学馆（Miraikan）馆长毛利卫等国内外专家、科学名人，受到一致好评。

广东科学中心外景

广东科学中心航拍

展厅规模

科学中心一期建有9个常设主题展馆（儿童天地、实验与发现、数码世界、交通世界、绿色家园、飞天之梦、人与健康、感知与思维、数字家庭体验馆），多个临时主题展区和开放实验室，同时建有科学探索乐园和对外学术交流中心等配套设施。

常设主题展馆拥有400多套展品展项，展品展项注重将科学性、知识性、趣味性有机融合，注重让观众在动手参与、亲身体验中获得科技知识。室外科学探索乐园拥有8万平方米的人工湖、60多套经典展项，培植有2000多种岭南特色植物，设计独特，景观迷人，数十件展品展项和上千种南国特色植物相得益彰，构成了良好的科普休闲场所，深受公众的喜爱。

广东科学中心绿色家园馆展厅

广东科学中心实验与发现馆展厅

特色影院

科学中心设有4座科技影院（4D影院、虚拟航行动感影院、巨幕立体影院、数字球幕影院），巨大的银幕、高真立体音响等高科技设施可以带给观众强烈的视听效果，让观众犹如置身电影的情境之中。

◎ 4D影院

共有72个座位。该影院在立体影院基础上增加了座椅环境特效，可让观众产生身临其境的感觉。

虚拟航行动感影院共有45个座位。该影院现场体验动作幅度大、变化快，带给观众紧张、刺激的独特感受。

◎ 巨幕立体影院

科学中心IMAX3D巨幕影院屏幕宽29米、高22米，是目前亚洲地区最大的巨幕影院，可容纳610名观众同时体验。其放映设备采用当今世界上技术含量最高、画格最大的70毫米15齿孔IMAX立体放映系统。

◎ 数字球幕影院

共有192个座位。该影院不仅可以实现全球幕视频回放，还可以实现科普内容交互演示。

科普活动

作为新型的科普教育基地，科学中心在开展科普教育的理念、方式、方法上有着独特的内涵，除常设的展览展项，科学中心还组织策划各类科普活动，为公众营造良好的科学氛围。

截至目前，我们已成功举办了地震临展、“积木王国”展、猛犸象展等多项临展；与主流媒体共办的“小谷围科学讲坛”从2009年9月20日第一期至今，共举办了30多期，已成为在华南地区有一定影响力、深受公众喜欢的活动品牌；成功举办了第二十五届全国青少年科技创新大赛，科学中心特别编创的低碳主题科普剧《生命之树》得到主办方高度重视，安排为大赛闭幕式的第一个节目；此外，科学中心还开展有特色的科技体育、科学探究营地、科普“三进”等科普活动。

广东科学中心科学探究营地

场馆特色

科学中心的建筑秉承“绿色建筑”的理念，注重节能技术的应用，在通风系统设计、建筑围护、空调系统、可再生能源利用等方面采取了多项节能措施，项目设计方案被建设部评为“绿色建筑十佳设计方案”；建设项目荣获“广州市建筑节能示范工程”和建设部“2007中国建筑节能年度代表工程”称号，“广东科学中心建设与管理的创新实践”项目荣获广东省科技进步特等奖。

科学中心的展项数量多、内容新、互动性强，400多套展项中，创新展项比率高达80%，互动参与性展项比率高达80%。它们是科技馆开展科普展示和科普教育工作的基础，为学生们提供了学习科学、体验科学的新天地。

科学中心与主流媒体共同策划主办的“小谷围科学讲坛”是科学中心的特色活动之一。它秉承传播自然科学知识，普及科学精神和科学方法，努力为公众打造一个了解科学的互动平台。开办至今邀请了来自日本、美国、法国、中国香港及中国内地等地的一流专家学者前来演讲，内容涉及航空航天、古生物研究、极地科学、天文探测、DNA鉴定等多个学科领域，讲坛内容新颖、国际化程度高，深受公众的喜爱，在社会上反响强烈，已成为在华南地区具有一定影响力的科学讲坛活动品牌。

开放实验室是科学中心的特色项目之一，它针对社会关注的科学热点问题，运用实验教育形式，对青少年进行科普教育。开放实验室采用探究式实验，有别于学校里的验证式实验。实验活动强调青少年在实验过程中受到教育，引导青少年选择多种实验方案进行实验，甚至由青少年自己提出实验方案，启发青少年的创造力。

科学探究营地是以科学探究项目为主要内容、组合其他形式的教育资源而开展的内容丰富、形式活泼的非正规教育活动形式。2010年初开营以来，教育效果明显，深受学生团队的欢迎，已成为科学中心的特色科学教育项目。

发展历程

黄华华省长视察广东科学中心

科学中心从动工兴建到正式开馆，共经历了4年多的时间。2008年9月开馆以来，科学中心紧紧围绕科普教育、科技成果展示、学术交流、科普旅游四大功能，结合广东地区教育、科研、旅游以及所处地域特色等优势，广泛利用科普资源，开展教育资源的开发和利用工作，不断提升场馆服务能力，完善服务体系建设，在创建一流科普教育基地方面取得了良好的工作成效，科学中心四大功能实现了质的飞跃。

此外，科学中心还在科普展览的研发方面取得了丰硕的成果。不但成功地组织了广东科学中心一期的展项建设工作，开馆后，还研发了“积木王国”、“人与健康”、“运动·科学”等一系列优秀的科普展览项目，这些展览都成功地在国内组织了巡展，受到了展览地观众的一致喜爱与好评。在未来的发展中，科学中心将力争进一步提升自身的展览研发水平，拓展业务范围，谋求把科学中心打造成国内知名的科普展览研发中心，致力于培养出更多的优秀展览专业人才，研发出更多的优秀科普展览项目。

基本信息

地　　址：广州市大学城西六路168号
邮　　编：510006
电　　话：020-39348080
传　　真：020-39348000
网　　址：www.gdsc.south.com
开馆时间：星期二至星期日9:30～16:30（逢星期一闭馆，法定节假日除外）

Guangdong Science Center

Guangdong Science Center (GDSC) is a large science education base invested and developed by Guangdong Provincial Committee of the CPC and the People's Government of Guangdong Province. Rising at the Guangzhou Higher Education Mega Center(GZHEMC), Guangdong, China, GDSC covers a land area of 450,000 square metres with a gross floor area of 137,500 square metres. As the currently largest popular science education venues in Asia, it serves as a comprehensive platform for exhibition, popularization and trading of scientific achievements and technological items as well as academic exchanges.

GDSC is grounded in Mar., 2004, completed and opened by the end of the Sep. of 2008. During the past two years since its opening, GDSC has already received 3 million visitors with continuous visits and favorable social responses, and is widely praised by various circles including leaders on national, provincial and municipal level, organizations of the same trade at home and abroad and mainstream media in and out of the province. It has won several honoral titles successively including the Popular Science Education Base of Guangdong Province, Popular Science Education Base for Youth of Guangdong Province, Institution Devoting to Commonweal in Program of Building Guangzhou into the Best City, National Popular Science Education Base, Advanced Collective of National Popular Science Work and the Most Popular Science Education Base among Citizens. Besides, it is also a national 4A tourist attraction.

The completion and opening of GDSC has attracted great interests in the industry. As the business card and window for external publicity of Guangdong, it has received in succession visits by leaders, experts and famous scientific persons with praise.

Address: 168#, Xi Liu Road, University Town, Guangzhou 510006 P.R.China
Telephone: 020-39348080
Fax: 020-39348000
Web: http://www.gdsc.southcn.com
Opening: Tuesday-Sunday 9:30-16:30 (Monday Closed, except for national holidays)

广东科学馆

场馆概述

广东科学馆是广东省科学技术协会属下的事业单位，奠基于1956年，1958年竣工，是陶铸同志为科技人员开展科技活动而批准兴建的，郭沫若同志亲笔题写馆名，是新中国最早兴建的科技活动场所之一。广东科学馆坐落在风景秀丽、四季如春的越秀山南麓，中山纪念堂西侧，环境清新幽雅，周围绿树成荫，整座建筑宏伟壮观；琉璃绿瓦，飞檐滴水，具有鲜明的民族特色，与中山纪念堂相映生辉。

50多年来，陶铸、谢非、张德江、叶选平、周光召、朱光亚、华罗庚、袁隆平、钟南山、何镜堂等一大批党和国家领导人及科学大家先后到科学馆视察或作报告。每年举办各类科普专题展览上百场次，各类学术交流和学术研讨200多场次，受益人数达100余万人次。

广东科学馆外貌

场馆特色

在广东省委、省政府的关怀下，在省有关部门的支持下，广东科学馆于2005年起进行了全面的整修改造，并于2007年末完工。改造后的广东科学馆，设有可容纳620人的科学会堂一个，可容纳150～300人的学术报告厅、展览厅8个，50～100人的交流室10个，30人左右的贵宾室、接待室7个。科学会堂、学术报告厅和部分会议室都装配先进的中央空调系统和灯光音响影像以及智能化设施设备，可进行科技会议、学术报告、科普讲座以及联欢联谊会等多种活动，是广东省开展学术交流、科普教育和科技培训的重要阵地，也是举办各种科技会议的理想场所。

发展历程

近年来，在省科协党组的正确领导下，广东科学馆围绕省委、省政府的工作大局和省科协的中心工作，按照打造“六个中心”（即努力将广东科学馆打造成为“学术交流中心、科普展览中心、科技文化中心、科技培训中心、科技会议中心”和“科技工作者活动中心”）的工作定位，认真开展“三服务一加强”工作，为广东省“三促进一保持”和经济社会又好又快发展作出了应有的贡献。

◎ 积极打造学术交流中心

科学馆改造工程完成后，不但家具、电器设备焕然一新，而且消防、电梯、网络、多媒体、视频监控等现代化设备也一应俱全，成为学术交流的理想场所。省科协主办的“广东科协论坛”、“广东院士讲坛”及省级学会的学术交流纷纷落足科学馆。仅2009年，就承办或承接“广东科协论坛”4场次、“院士讲坛”7场次、“科协交流会”2场次、省级学会等科技团体开展学术交流和学术研讨113场次，参加人数达18000多人次，成为广东省开展学术交流重要阵地之一。

◎ 积极打造科普展览中心

作为广东省重要的科普教育阵地，虽然受到场地的限制，广东科学馆仍然通过积极开展科普专题展览进社区、进农村、进学校、进军营、进企业等巡展工作，每年承办或协办科普展览上百场次，受众人次数十万；并针对社会热点、难点问题，及时组织推出各类专题展览，如“震撼与思考——地震科普全国巡展”（广州站）、“公众安全避险逃生知识普及展览”等大型科普展览；承办或承接各类科普讲座、科普报告会几十场次，受到公众的普遍欢迎。特别是2010年初，科学馆积极争取省财政支持，购买了科普大篷车和一批益智展品，大大丰富了科普展教的手段和内容，仅上半年就外出巡展30多场次，深受基层的欢迎。

◎ 努力打造科技文化中心

提高全民科学文化素质，建设创新型国家，是中华民族伟大复兴的必经之路。为进一步组织科技界、文化界、艺术界的专家、学者探讨科学与人文、科学与艺术的互相结合和共融共通，

科普大篷车进校园

我馆举办公众安全避险逃生知识普及展览

2009年以来，广东科学馆联合广东科技报社、广东工程职业技术学院每季举办一期“科学艺术沙龙”；2010年起，承办由省科协与省直机关工委共同主办的“广东科学人文论坛”，邀请国内著名专家、学者与听众共同探讨科学和人文方面的话题，面向省直单位领导干部普及科学人文知识。

2009年7月起，由省委宣传部、省社科联主办，广东科学馆参与承办的“岭南大讲坛·文化论坛”正式落户科学馆，论坛每周六举行，邀请国内文化艺术界名人名家主讲,刘斯奋、苏童、陈小奇、陈维亚等一批文化界名家登台演讲，吸引了大批公众参与，已经成为广东省一个知名的论坛品牌项目。

◎ 积极打造科技会议中心

承办或承接科技会议是科学馆的一项重要工作职能，广东科技馆通过提供良好的环境和优质的服务，提升科技会议的水平，使科技政策、法规得到广泛而有效的宣传，使科技成果得到推广，使科技更好地为经济社会发展服务。由于地理优越、交通方便，每年在广东科学馆举行的省级学会年会、研讨会，科协系统会议及其他省直单位科技会议等几百场次，参加会议的人数达数万人次，有力地推动了广东省科技交流和科技政策宣传工作。

国务院发展研究中心主任、党组书记张玉台在广东科协论坛第31期上作专题报告

◎ 积极打造科技培训中心

科技培训是科学馆的主要功能之一，为促进科技培训的全面向前发展，科技馆坚持精益求精、注重实效、促进人的全面发展的培训原则，通过策划培训项目或引进优质培训项目，发挥科学馆作为科技培训基地的社会职能，并取得了显著的成效。广东科学馆作为“广东省中小企业示范培训基地”，承担广东省中小企业局的培训项目——“珠三角地区改革发展规划纲要宣讲项目”，培训中小企业科技人才5000多人次；同时还发挥自身优势，邀请专家为省内地方科技馆提供业务指导和有关业务培训、开展农村实用技术培训等，为提高公众的科学文化素质、建设创新型广东发挥了应有的作用。

◎ 着力建设“科技工作者活动中心”

广东科技馆切实发挥科普阵地作用，通过做好服务工作，积极为科技工作者搭建活动、交流、联谊的平台。通过组织各种体育比赛、联谊和文艺表演以及健康讲座等活动，加强了科技工作者的感情交流，提高了他们的凝聚力，激发了他们的工作热情，使他们更好地投身于科技创新工作和科技事业中。

几年来，广东科学馆在省科协的正确领导下，在全馆干部职工的共同努力下，取得了较优异的成绩，被广东省妇女联合会授予广东省“巾帼文明岗”称号，被广东省科学技术厅等部门授予“广东省青少年科技教育基地”称号，被中共广东省委组织部授予“城乡基层党组织互帮互助活动先进党支部”称号。今后，广东科学馆将在省科协的正确领导下，进一步解放思想，全面贯彻落实科学发展观，切实加强自身建设，不断提高“三个服务”能力，努力推进科学馆事业又好又快发展。

基本信息

地　　址：广州市连新路171号
邮政编码：510040
电　　话：020-28328305
传　　真：020-28328312
网　　址：http://www.gdsh.com.cn/

Guandong Science Hall

Guangdong Science Hall , as one of the science and technology stadiums which was first built in the new China. During the past few decades, GDSH followed the party and government policies all the time, intensively promoted the scientific spirit, popularized scientific knowledge, propagated scientific methods and scientific ways. GDSH, in accordance with the work orientation of “six centers”, giving full play to its function of science exhibition and education, making contributions to people’s quality improvement and economical society fast and good development of Guangdong province.

Address: Guangzhou City Lianxin Road number 171, 510040.
Tel: 020-28328305
Fax: 020-28328312
Web: http://www.gdsh.com.cn.

广州青少年科技馆

场馆概述

广州青少年科技馆是广州市政府投资兴建、广州市科学技术协会主管的公益性科普场馆，于2005年9月17日正式开馆，2006年1月16日被命名为“广州市未成年人校外素质教育基地”，年平均接待观众10万余人次，位于广州市越秀区童心路西胜街42号。

广州青少年科技馆面积4000平方米，有展品展示区、数字科技馆展区、青少年科技培训区以及科普电影放映区。其中，展品展示区有常设展品80件（套），涉及数学、物理、生命科学、能源等领域，是青少年科技教育的第二课堂。

广州青少年科技馆外观

科普活动

广州青少年科技馆坚持服务社会，经过5年的不懈奋斗，成长为科学普及宣传的重要公共平台。面对市民不断增长的科技知识和科技活动的需求，广州青少年科技馆发挥资源优势，在做好日常常设展览外，开创了机器人竞赛、科普剧表演、科技特训营、家庭亲子科技活动、手工制作、科幻动漫与绘画、科技馆活动进校园等特色科普活动，高质量、品牌化的科技活动服务机制，深受市民欢迎。如今，广州青少年科技馆已成为广州市重要的科普教育基地之一。

广州青少年科技馆表演科普剧“我们与水”

广州青少年科技馆科普老师做趣味化学演示

场馆特色

2005年9月17日，广州青少年科技馆开馆当日魔球演示

科技馆配有科普大篷车开展科普进社区、进军营、进机关、进校园、进农村、进企业等流动巡展活动。此外，科技馆还设有专业的科普剧表演队，常年深入学校、社区、农村，给公众带去许多活泼生动的科普剧作品。广州青少年科技馆广泛开展适合青少年科技教育需要的多种活动，比如，青少年科技夏令营、冬令营，青少年科幻绘画活动，青少年手工技能制作活动等。科技馆还承办适合青少年特点的科技赛事，成功举办了“2010Robo Cup青少年世界杯中国赛区选拔赛”等活动。

发展历程

广州青少年科技馆突出公益性，以青少年科技教育为突破点，在社会各界都产生了良好的影响，为提高公众科学素质、建设和谐文明广州作出了一定的贡献。经过5年的不懈追求，科技馆一年一小变，2006年，引进科普剧；2007年启动科普大篷车巡展；2008年，数字科技馆精彩呈现；2009年，举办了全国性专业研讨会；2010年，成功举办了2010RCJ机器人世界杯中国区选拔赛；科技馆重视基础理论研究，推出了如《触摸科技—走进广州青少年科技馆》、《广州风情》等基础性的研究成果；科技馆重视学术交流，举办了“全国中小型科普场馆发展研讨会”等学术峰会。这些使得广州青少年科技馆拥有持续广泛的吸引力和影响力，成为指导和推进全市开展科普场馆建设的重要机构。

基本信息

地　　址：广州市环市中童心路西胜街42号　　**邮　　编：**510091

电　　话：02061106310　　**网　　址：**www.gztst.cn

邮　　箱：kjzxbgs@126.com

开馆时间：9:00～16:30（周一、二闭馆，节假日照常开放）

Guangzhou Teenagers Science and Technology Museum

Guangzhou Teenagers Science and Technology Museum is a public science communication venue built under the direct investment of the Guangzhou Municipal Government and the Guangzhou Association for Science and Technology being in charge of it. Formally opened on September 17, 2005, it was named as "Pupils' Extracurricular Quality Education Base of Guangzhou" on January 16, 2006 with an annual average audience capacity of over 100,000 persons.

With an area of 4,000 square meters, it is divided into exhibits display zone, digital S&T exhibition zone, teenagers S&T training zone and science communication movie zone. Of them, there are some 80 pieces (sets) of permanent exhibitions in the exhibits display zone, involving mathematics, physics, life sciences, energy and other areas. It serves as the second class for the S&T education for young people. The museum is equipped with a science communication caravan to carry the movable S&T display activities into communities, barracks, administrative organs, campuses, countryside and enterprises. Besides, the museum has also established a professional team creating and performing a series of vivid and brisk science communication dramas for the public. They tour the schools, communities and rural areas all-year-round. Guangzhou Teenagers Science and Technology Museum is carrying out extensively a variety of activities, and meeting the need of teenagers S&T education, for instance, S&T summer and winter camps, science fiction painting activities, hand-making skills activities. Moreover, the museum also hosts S&T events suiting the characteristics of teenagers, including the "2010 Competition of RoboCup Junior China Event".

Guangzhou Teenagers Science and Technology Museum highlights its role in the public service and gives the priority to the S&T education of young people. A small place but a great task, it keeps having good influence among the public and making its contributions to further improving the science literacy of the public and create a harmonious Guangzhou.

Address: No.42, xisheng st, tong xin Rd, Mid. huangshi Rd, Guangzhou.
Post: 510091
Tel: 02061106310
E-mail: kjzxbgs@126.com
Opening time: 9:00-16:30 (Closed on Monday and Tuesday except holidays)

东莞科学馆

场馆概述

东莞科学馆外观图

东莞科学馆位于东莞市人民公园北侧，成立于1994年，大楼总建筑面积13000平方米，功能定位为科普展览中心、科技培训中心、青少年科技活动中心。其主要工作是举办科普展览、科普讲座与系列论坛，开展青少年科技培训活动与科技竞赛活动、天文知识普及与教育、网上科学馆和流动科技馆推广与宣传等。东莞科学馆的建筑主体是一个多层次、多棱边的单体正方形，圆形的模拟星空影院咬合在正门上方，门前矗立着一座科技女神像，寓意东莞科学馆就像是一颗充满神秘的种子播撒在这座现代制造业的名城，展示科技神奇，普及科普知识。建馆16年来，共接待海内外观众约200万人次，充分发挥了科技馆作为科普教育阵地的作用。

展厅规模

东莞科学馆展厅面积为5000平方米，主要科普设施包括一楼地震科普展厅及前厅临时科普展厅、二楼常设科学展厅、三楼设天文科普展厅。其中地震展厅于2008年4月建成后，成为东莞市乃至广东省重要的地震科普知识普及场所，展厅内容受到观众的热切欢迎。常设科学展厅分为基础科学、益智玩具、公共安全、运动与健康4个展区，涉及数学、光学、力学、声学、电磁学、健康、交通、消防等多方面内容，含互动参与性科普展品100多件（套）。天文科普展厅配有日、月、地三球仪等20多件天文科普展品，通过声、光、电等多种展现形式将天文知识与现代科技有效地融为一体。

特色影院

模拟星空影院目前是东莞市最大的、也是唯一免费对外开放的模拟星空天文设施，天幕直径达11米，配有4套天象节目，可容纳60人同时观看。它通过天象仪的不断旋转，将观众带进繁星闪烁的夜空，在瞬间感受昼夜交替、四季变迁和各种罕见的天文现象。

科普活动

东莞科学馆科普活动内容丰富，形式新颖，注重观众互动参与，以轻松愉快的展现方式，拾拣科学的快乐。近年，相继推出了多种受观众喜爱的科普活动，围绕“节约能源、保护生态环境、保障安全健康”，先后举办了“节约能源、保护环境”、“关爱生命之源——水”、“珍爱生命，防火自救”等多场大型科普展览，其中“珍爱生命”消防展览历时7个多月，巡展镇（街）达22个，共免费派发消防科普小册子3万册、消防科普挂图8万张，吸引社会各界16万人次；针对社会热点问题，举办论坛、讲座近百场，参与的专家、教授70多人，受益观众达2万人次；根据青少年科普教育特点，以竞赛带活动，以活动促普及，建立竞赛平台，使赛事常态化，先后承办了东莞市科协第一届至第三届青少年机器人竞赛、第十届广东省青少年机器人竞赛、东莞市小学生天文知识竞赛、东莞市小学生科普益智玩具比赛等青少年科技类竞赛，及融科普动漫、科普电影、cosplay等多种科普元素的“创意科普欢乐节”等青少年创新活动；结合公众喜闻乐见的环保话题，以精彩的艺术语言和专业的舞美设计，自编自导自演科普话剧《未来环保战士》，此剧荣获“2009东莞市第二届科普剧大赛”一等奖、“科普剧全国邀请赛”二等奖。

自2010年3月起，东莞科学馆将承载力学、光学、电磁学等知识的60件车载展品的科普大篷车免费送去东莞市各中小学，丰富了科普工作的形式，增强了科普效果和影响力。

2008科普动漫节圆满结束

承办“第十届广东省青少年机器人竞赛”

自制大型科普展览“关爱生命之源—水”

场馆特色

东莞科学馆的天文活动在各省市天文学家的指导下及广大天文爱好者的参与下，开创了天文科普形式“百花齐放”的新局面。讲座上有中国“嫦娥工程”首席科学家欧阳自远、台湾著名天文摄影家和天文科普作家陈培等名人专家的趣闻讲解；展览上有根据社会热点，汇聚最新的天文奇观图文信息的主题科普展；活动上既有利用日全食、流星雨等重要天象和中秋节等传统节日，组织周边学校师生、社区公众参加的天文观测夏令营和路边天文夜，又有为激发中小学生对天文科学的兴趣，储备天文知识而举办的“天文知识竞赛”系列活动。同时，该馆根据当前天文现象，坚持每月出版“天文信息之窗”，供市民随时了解最新天文信息动态。

益智科普是东莞科学馆的特色活动之一，活动开展得横向有深度，纵向有广度。多年来，以开发小朋友的逻辑思维、增强空间推理概念、提高动手操作能力为目标，免费开展益智玩具培训，举办“东莞市小学生益智玩具竞赛”，承办益智玩具讲座，深受广大师生的喜爱，并赢得了“开启学生智慧的‘魔法屋’”的美誉。

发展历程

科普教育，至知于行。自建馆以来，东莞科学馆始终以普及科学知识、弘扬科学精神、传播科学思想为己任，各项工作紧密结合时事、结合群众生活，不仅在展览教育发挥创新精神，找准定位，打造了一系列品牌科普活动，在馆内的管理上也强化机制、完善监督、凝聚力量，除定期召开全馆民主生活会外，还按岗位性质有针对性地组织员工“送进来，走出去”的各种技能培训，营造了良好的工作、生活环境。

在展厅环境和展品的更新工作上也力求做到精益求精。自2005年起，相继改造了天文科普展厅，扩建地震科普展厅，增设“光学展区”和“运动与健康展区”，添加科普展品数十个（套），成为东莞市集科普展览与教育、科技交流与合作、休闲娱乐与学习于一体的重要活动场所。

开馆16年来，东莞科学馆得到了各级有关领导和专家的关怀及指导，中国科协书记处书记程冬红；原中国科协党组书记，国务院发展研究中心主任、党组书记张玉台；原广东省人大常委会主任、广东省科协主席卢钟鹤等领导先后莅临指导，并给予了高度评价。我馆先后被中国科学院国家天文台二部、广东省科协、广东省地震局等单位授予“东莞科学馆天文科普基地”、“广东省科普教育基地”、“广东省防震减灾科普教育基地”、“东莞市科普教育基地”等荣誉称号。今天，它正以崭新的姿态和蓬勃的生机向前发展。

基本信息

地　　址：东莞市新芬路38号（人民公园旁）
邮　　编：523007
电　　话：0769-22211875 / 22119652
传　　真：0769-22119606
网　　址：www.dgkxg.com.cn
开馆时间：星期二至星期日　09:30～16:30
公交路线：1，8，9，15，16，18，21，28，29，30路公交车可达

Dongguan Science Museum

Dongguan Science Museum, founded in 1992, is located at the north end of the People's Park. Its total floor space exceeds 13, 000 square meters, with 5000 square meters reserved exclusively for exhibitions and displays. As a governmental unit, the museum functions as a key center for science popularization exhibitions, sci-tech training and promotion, as well as a base for young people to conduct science-related competitions and activities. Its major work scope includes: organizing exhibitions, lectures and forums for science popularization, holding science training courses and competitions among teenagers, promoting astronomy education for the public, maintaining and updating the on-line science museum and the mobile sci-tech museum.

Dongguan Science Museum is an important educational base for science popularization in Dongguan. It is comprised of several display halls and functional areas, as follows:

Permanent Exhibition Hall. This Hall has four sections, i.e. basic science, sports & health, public safety and educational toys. One more new special section for optical technology was added in 2010, with more than 100 exhibits.

Temporary Exhibition Hall. We initiate and organize temporary science-popularization shows, based on social hot topics. This kind of exhibition is often found moving into different towns, communities, enterprises and schools on a regular basis.

Astronomical Science Hall. There are more than 20 pieces of exhibits, including the terrestrial globe, the lunar globe, the solar globe and the celestial globe. The Hall combines sophisticated astronomical science with modern technology, presenting advanced and abstract theories of astronomy in a direct and vivid way through integrated audio, optical and electrical means.

Seismic Science Hall. A rotatable terrestrial globe, with a diameter of 3 meters, is set up here. The LED lights flashing on the globe surface distinctively represent the seismic belt of the world. The Hall consists of eight sections, including Earthquake ABC, Quake-resistance Construction, and How to Survive an Earthquake, etc.

Simulated Space Theatre. Currently it is the largest simulated space observing equipment in Dongguan. The screen is 11 meters in diameter. Through programmed rotations of astronomical devices, the audience is brought into a starry-sky night, to experience the changing seasons and other unusual astronomical phenomena in a short period.

Astronomical Observatory. It is on the top floor of the museum, equipped with a KN-154 Automatic-follow Refraction Astronomical Telescope and a US-made Meade 12-inch Astronomical Telescope. In addition, there are several more small-capacity telescopes, computerized galaxy-searching devices, high-rate digital cameras and projectors.

Address: No. 38 Xinfen Rd, Dongguan 523007 P.R. China (the People's Park beside)
Tel: 0769-22211875 / 22119652
Fax: 0769-22119606
Web: http://www.dgkxg.com.cn
Opening time: 09:30-16:30(Tuesday to Sunday)
Transportabion: 1, C3, 8, 9, 15, 16, 18, 21, 28, 29, 30

佛山科学馆

场馆概述

佛山科学馆始建于1985年，随着社会的发展和进步，原有设施及功能也渐渐变得落后。佛山市人民政府市长办公会议决定事项[2000]2号（总第4号）指示，对佛山科学馆实施整顿改造，定位为“公益性的科普基地，面向社会”。2001年8月在佛山市委、市政府的大力支持下，科学馆经过全面改造，于2003年3月19日正式对外开馆。7年多来，科学馆共接待游客超过120万人次，举办公益性科普讲座180多场。科学馆还开展全市五区学校及社区科普知识、图片、展品实物巡展，受众近40万人次。此外还举办不同类型的讲座、报告会、学术研讨会等。2003年5月佛山科学馆被广东省科技厅认定为第一批广东省青少年科技教育基地，2005年10月广东省科协授科技馆为“广东省科普教育基地”，2005年12月科技馆接受广东省文明办的检查和验收并顺利通过，获得“广东省文明单位”的荣誉称号。2009年科技馆又顺利通过中国科协审批，被评为“全国科普教育基地”。

佛山科学馆外景图

展厅规模

佛山科学馆建筑面积6400平方米，展区面积4000多平方米，共6层，按不同的学科分为儿童天地展区、生命科学展区、信息科学展区、智慧天地展区等4个常设展区，共100多件展品。其中80%的展品可动手参与操作，还有3D立体影像馆、机器人实验室、多功能学术报告厅、科普培训室和电脑室等。

特色影院

◎ 4D影院

本馆4D影院为180° 环幕，由6台投影机同时播放，有座位32个，环绕立体声音响，有振动、扫脚、喷风、喷水、闪光、雪花等特效。装备北京恒润公司的4D播放系统。

◎ 天象馆

本馆天象馆为半球形建筑，直径10米，可容纳75人同时观看。装备是四川金都公司的天象仪和北京恒润公司的球幕电影放映系统，可放映各种天象节目和球幕电影。

科普活动

充分发挥科普工作的教育功能，共建和谐佛山，佛山科学馆在工作中努力做到“八个坚持”。

◎ 坚持科普为宏扬先进文化服务

为普及科学技术知识，佛山科学馆每月都邀请一些著名专家、学者来科学馆举办科普公益讲座，讲座主要是一些贴近市民生活，增强科技知识等相关内容。

◎ 坚持科普为增进教育事业和民族团结服务

我们努力促进学校教育和社会教育相结合，提高广大青少年爱科学、学科学、懂科学的意识和兴趣。如佛山科学馆对学生参观团体实行免费开放的制度，和佛山一中西藏班举办两场科普同乐日活动，让远离家乡的西藏学子在科学馆领略日新月异的科学技术知识，更在浓浓的民族大团结的亲情中了解佛山历史文化名城，增强民族团结。

佛山一中西藏班与佛山科学馆科普同乐日活动

◎ 坚持科普为普及前沿科学知识服务

我国成功发射“神舟六号”和“神舟七号”载人飞船，并取得航天飞行圆满成功。为普及航天科学知识，增强市民爱国主义精神，佛山科学馆举办“走近航天科技”科普活动，并邀请著名航天专家张厚英教授到佛山市各中小学作了题为“载人航天和应用”的讲座。为提高广大市民及中小学生对天文学的兴趣，佛山科学馆和广东省天文学会特意为全省天文爱好者举办天文学术交流大会，加大天文知识的普及推广。

天文爱好交流大会现场

◎ 坚持科普为营造良好的文明风尚服务

为响应团市委对广大青年团员提倡以实际行动参与“大胆探索，团结创新，为建设和谐佛山贡献力量”的号召，树立文明新风。佛山市团市委和佛山科学馆成立“佛山市科普志愿者专业服务队”，以志愿服务、义务参与为原则，科普志愿者以自己的专业特长，为社会和大众提供无偿的科普教育活动，通过社会义务劳动实现个人价值。

部队官兵全神贯注地听科普讲解

◎ 坚持科普为拥军优属服务

佛山科学馆不定期邀请广空某部驻沙堤机场部队官兵来科学馆作专场活动，丰富了官兵们的业余生活，为他们增添了更丰富的科普知识，也是我们把展馆资源与社会需求进行开放式互动，实现公共资源最大限度共享的工作重点之一。

◎ 坚持科普为丰富社区文化建设服务

我们逐步实施把科普教育和社会各领域的建设紧密结合起来，致力于“和谐佛山，和谐社区”的建设。举办和谐社区科普专场，让社区居民接受科学知识熏陶的同时增进邻里间的交流。

◎ 坚持科普为城市发展服务

广东省教育强市督导验收组到佛山科学馆进行调研，参观完科学馆后，督导组一致认为青少年科普基地以各种有趣实验说明科学道理的教育方式很值得推广。广东省文明城市考察组一行突击考察了科技馆，得知佛山科学馆每年接待参观人数超过了许多省级科学馆时，考察组一致认为科学馆是培养未成年人增强内在文明的最好途径，这笔投入很有远见。

◎ 坚持科普窗口为保持共产党员先进性教育活动、携手共建社会主义新农村服务

2005年6月30日，佛山科学馆、广东志高空调股份有限公司党支部在我馆举办“纪念中国共产党建党84周年暨科普同乐日”活动，双方交流了在保持共产党员先进性教育活动中所取得的经验；不定期邀请组织普君社区、城南社区、祖庙社区、花园社区等2000多名党员来科学馆参观和交流；佛山科学馆与顺德区北窖镇黄龙村党支部在佛山科学馆举办携手共建社会主义新农村活动。

广东省专家组到科学馆进行调研

回顾过去，我们豪情满怀；展望未来，我们信心倍增。佛山科学馆将以党的十七大精神为指引，扎扎实实抓好科普服务工作，为把佛山建设成文化名城、产业强市作出应有的贡献。

基本信息

地　　址：广东省佛山市禅城区汾江中路101号
电　　话：0757-82220004
传　　真：0757-82234803
网　　址：www.fskxg.com
开馆时间：8:45～16:30（周一、二闭馆，节假日照常开放）

Foshan Science Museum

Foshan Science Museum was founded in 1985. With the development and progress of the society, the original facilities and functions of the science museum has fallen behind. In August 2001, under the great support of the municipal government and the municipal committee of the CPC, Foshan Science Museum was started a complete reconstruction project and reopened to the public on March 19th, 2003. The new Foshan Science Museum covers a construction area of 6400 square meters, including an exhibition area of over 4000 square meters consisting of four regular exhibition areas and more than 100 exhibits. Other functions include 4D cinema, 3D image gallery, planetarium, robot laboratory as well as multi-functional conference room, science training room and computer classroom, etc. During the past seven years since its reopening in 2003, the science museum has greeted more than 1.2 million visitors and held over 180 popular science lectures for public welfare. In addition, Foshan Science Museum has carried out tour exhibition and popularization education concerning popular science knowledge, photos and exhibits to over 400,000 students and residents in schools and communities within the five districts of Foshan City. Moreover, Foshan Science Museum has also held various lectures, conference and seminars, and has been selected as National Popular Science Education Base, Youngsters Science and Technology Education Base of Guangdong Province, Popular Science Education Base of Guangdong Province and Role Model in Ethical and Cultural Progress of Guangdong Province.

Address: 101 Fenjiang Zhong Road, Chancheng District, Foshan, Guangdong 528000, P.R.China
Tel: 0757-82220004
Fax: 0757-82234803
Web: http://www.fskxg.com
Opening time: 8:45-16:30 (Closed on Monday and Tuesday except holidays)

广西科技馆

场馆概述

广西科技馆（新馆）是广西壮族自治区成立50周年大庆重点献礼项目，于2006年12月28日开工建设，2008年12月5日建成开馆。新馆占地面积14655平方米，总建筑面积38988平方米，地处广西政治、经济、文化中心首府南宁，毗邻广西民族广场、广西人民会堂、广西博物馆等重要公共设施，是公众提高科学文化素养、了解社会科技发展的重要科普场所。开放后的广西科技馆新馆将成为广西科普教育的龙头和展示文化广西的窗口，也将成为中国与东盟各国开展科技文化交流、科普活动和青少年科技教育活动的重要平台。

广西科技馆（新馆）设计为北面主楼展区和南面附属楼区，其中，主楼为4层展区，主要为临时展厅和常设展厅；附属楼区为8层，主要为培训、办公等其他功能用房。场馆建筑方案创意独特、寓意深刻，较好地体现了广西的地域特色、民族特色和科技内涵三大要素。在地域性上，其神似广西桂林的象鼻山、阳朔的月亮山、北海的珍珠贝蚌；在民族性上，其主要构图设计采用了广西铜鼓和民族服饰中最具特色和代表性的羽人图案，使建筑宛如一只翱翔时展开的巨大翅膀，极具民族特色和感染力；在科学内涵上，球幕影厅的球体设计，仿佛怀于凤凰母体中待产的蛋体，又如孕育新生命的珍珠贝蚌，蕴涵着“科学孕育未来”和“明珠灵性育人”的寓意，特别是球体设计的流线滚动状态，使整个设计动静结合，充满灵性。新馆开馆近两年来，仅常设展厅接待观众就超过70万人次。

广西科技馆夜景

展厅规模

广西科技馆以“探索·科技·创新”为主题，设有常设科普展厅、临时展厅、青少年科学工作室、高科技影院、学术交流等主要展区。其中，常设科普展厅面积约9000平方米，共设展项展品233件（套），主要涵盖了工程技术、信息技术、生物工程等与人们社会生活、可持续发展密切相关的重要领域，同时还注重挖掘广西、东盟各国地域特色、科技发展成果等资源。设置“启迪与探索”、“科技与生活”、“创新与展望”三大展区，包含儿童乐园、科学探秘、环境生存、生命健康、信息世界、挑战与创新、未来展望等7个分区。临时展厅面积约2400平方米，主要举办短期的科技主题展览或热点专题展览；青少年科学工作室面积约600平方米，面向广大青少年，开展科技创新与校外教育。为加强科技学术交流，馆内还设置了2个贵宾厅和3个可容纳50～300人的学术会议厅，主要开展国内外科技学术交流与合作，同时不定期开展各类科普知识讲座。

特色影院

馆内设有球幕和4D两个特种影院，球幕影院约250平方米，可容纳166人，兼有天象节目和球幕电影双重功能。4D影院约60平方米，可容纳38人。

青少年科学工作室

青少年科学工作室位于南楼6层，面积约600平方米，于2008年12月5日建成并免费向公众开放。工作室分别开设了机器人、科学探究、天文、亲子体验、个性印染等5个主要活动区域。它既是科技馆常设展区的延伸，也是青少年科技创新与实践活动的工作区，还是面向青少年开展科技创新与实践活动的校外教育基地。青少年可以在工作室内开展小课题研究、动手制作、参与实验等，在玩中学、学中玩的乐趣中“工作”。工作室内统一采用了富有童趣的基调，在器材配置上注意知识性、互动性、趣味性相结合。活动内容为模块式的，易调换，内容的选定注重集成、共享与自主研发相结合。这种模块化的活动，可以延伸至科技馆的各个区域。现在，青少年科学工作室活动已经成为广西科技馆校外教育活动的品牌。

青少年科学工作室辅导老师指导小朋友做实验

科普活动

广西科技馆在运营过程中注重结合实际，不断创新，在科普展教的实践中逐渐探索出一条可行之路。如将青少年科学工作室的建设、开发与科技馆工作尤其是常设科普展有效结合，相互补充，共同提高；在展览教育方面提出展品专题讲解的理念，使常设展览的科普教育效果显著增强；在资源利用方面，提出大联合、广辐射，与有关部门深入合作，进行资源的优势互补，共同推进展区改造、举办科普活动，力争实现科普教育活动效益的最大化。截至目前，常设科普展厅已累计接待观众约70万人次（其中免费接待观众达34万人次）；高科技影院接待观众8万人次，举办临时展览60个，观众约40万人次；青少年科学工作室全面免费开放，接待青少年学生7万人次；开办培训班800多个，培训学员2万多人次；承接各类科技、学术会议250场，参会人员4万人次。此外，还精心组织和承办科普讲坛、举办青少年创新大赛等活动，积极进行青少年校外科技活动基地建设和青少年科普教育活动。

广西科技馆科技培训少儿班汇报表演

展品专题讲解——工作人员正在做材料超导合金演示

发展历程

广西科技馆老馆于1983年正式建成开放，占地面积约14600平方米，建筑面积约为8600平方米，是国内建设较早的西部省（区）科技馆之一。广西科技馆同时挂广西青少年科技中心牌子。在老馆开放的20多年中，始终坚持面向公众开展科普展教工作，组织开展广西青少年科技活动，并取得显著成效。据不完全统计，在此期间，举办科普知识讲座、天象演示活动、科普专题展览等近万场次，共接待科技工作者、青少年学生和群众达400万人次。先后被评为“广西青少年科技教育基地”、“广西青少年学生校外教育培训基地”等。1999年，广西科技馆被中国科协正式命名为“全国科普教育基地”。

随着科学技术日新月异的发展，对科普场馆提出了更新、更高的要求。老馆的教室式建筑，层高和开间跨度已不适应现代科技馆展教功能的需要，其设施陈旧落后、不配套、功能不完善，常设科普展的展具水平欠缺，更新换代难，严重制约了广西科技馆作为广西科普教育重要阵地的作用。对此，自治区党委、政府高度重视，有关领导多次深入科技馆进行实地调研、考察。经过充分论证，2006年3月3日广西科技馆新馆建设项目获得自治区立项，并作为自治区成立50周年大庆重点献礼项目，于2006年12月28日在原址拆旧重建。经过有关单位700多天的日夜奋战，2008年12月5日焕然一新的广西科技馆新馆顺利建成开放。

作为现代化、综合性的科普场馆和青少年科技活动中心，在广西科协党组的正确领导下，馆（中心）领导班子正带领全馆职工，深入学习实践科学发展观，努力实施《全民科学素质行动计划纲要》，紧紧围绕科普展教的中心工作，大胆开拓、努力创新，进一步搭建全区青少年科教工作和科普活动的平台，为提高公众尤其是未成年人科学文化素质作出应有的贡献。

基本信息

地　　址：广西南宁市民族大道20号
邮　　编：530022
电　　话：0771-2809428 / 2809913
传　　真：0771-2809428
网　　址：http://www.gxkjg.com
邮　　箱：gxkjgxg@163.com
开馆时间：周二至周五（10:00～17:00）；逢节假日及周六、周日（9:30～17:00）；周一闭馆（黄金周节假日除外）

Guangxi Science and Technology Museum

Guangxi Science and Technology Museum, a key offering project for the 50th anniversary of Guangxi Zhuang Autonomous Region,was initiated on March 3, 2006,started on December 28, 2006 and opened in December 2008. It covers an area of 14,655m^2, with a total floor space 38, 988m^2, and total investment RMB250 million, including the Region special investment RMB200 million and state special subsidy RMB50 million.

With "Exploration Technology Innovation" as theme, the Museum holds appropriate scale,full functions, distinctive exhibition classification,large technology content and high participation degree. It serves main functions as permanent popular science exhibition,temporary exhibition, youth science workshop, hi-tech movie theater, academic exchange etc.The 9,000m^2 permanent popular science exhibition hall possessing 233 pieces (sets) of exhibition items and articles which is closely related to people's social life and sustainable development like engineering technology, information technology, biological engineering, and such, also pays attention to explore the resources such as Guangxi and ASEAN local characteristics and scientific and technological achievements. The three exhibition blocks as "enlightenment & exploration"(2/F)," science and technology & life"(3/F), "innovation & outlook" (4/F) includes seven areas as children's paradise, science exploration, environmental survival, life & health. information world, challenge and innovation, and future outlook. The temporary exhibition hall on the first floor of main building with area 2,400m^2 is mainly for short-term science and technology themed exhibitions or hot issues themed exhibitions; the youth science workshop on the sixth floor with an area of 600m^2 aims to develop scientific and technological innovations and outside education for the extensive teenagers. The Museum has two special movie theaters as IMAX theater and 4D theater. The 250m^2 IMAX theater admits 166 persons to enjoy the double functions as sky shows and IMAX movies, including wholly new IMAX movies as well as many rare sky movements and astronomical events. The 60m^2 4D theater admits 38 persons. The perfect combination of stereoscopic image with internal mechanisms like water spraying and smoke curtain will bring the audiences new visual shocks and funs.

The Museum is conveniently located in 20 Minzu Avenue, where is the center of political, financial and cultural, adjacent to the major public facilities such as Minzu Plaza,Guangxi Great Hall of the People and Guangxi Museum.

After getting approval from the National Tourist Site Quality Level Evaluation Committee,Guangxi Science & Technology Museum was granted the name of the national 4A level tourist site at the end of Dec 2009.

Address: No.20,Minzu Avenue,Nanning,Guangxi 530022 P.R.China
Phone: 86-771-2809428 / 2809913
Fax: 86-771-2809428
Web: http://www.gxkjg.com
E-mail: gxkjgxg@163.com
Opening time: Tuesday to Friday:10:00-17:00(Holidays and Weekends:9:30-17:00)
Close on Monday(Except Holidays)

重庆科技馆

场馆概述

重庆科技馆为市委、市政府确定的全市十大社会文化事业基础设施重点工程之一，是面向公众的现代化、综合性、多功能的大型科普教育活动场馆，是实施“科教兴渝”战略和提高公民科学文化素养的基础科普设施。重庆科技馆位于长江与嘉陵江交汇处的重庆江北嘴中央商务区核心区域，于2006年1月7日奠基，2006年10月动工建设，2009年9月9日建成开馆；占地面积2.47万平方米，建筑面积4.53万平方米，总投资5.67亿元。

重庆科技馆外观采用石材与玻璃两种材质。外墙石材使用多种颜色交叉层叠，像坚硬的岩石，隐喻为“山”；占整个外墙的60%、近万平方米的玻璃幕墙，则清澈通透，隐喻为“水”。石材的棱角分明、玻璃的透明如水，恰到好处地彰显出重庆“山水之城”的特征。重庆科技馆分为A区和B区。A区建筑最高处约为57米，最低24米，从空中鸟瞰如同一个巨大的“扇形水晶宫”，造型大气恢宏。

重庆科技馆全景

重庆科技馆共设生活科技、防灾科技、交通科技、国防科技、宇航科技和基础科学6个主题展厅和儿童科学乐园专题展厅。展品涵盖材料、机械、交通、军工、航空航天、微电子技术、信息通讯、计算机应用、虚拟现实技术、生命科学、环境科学、基础科学及中国古代科学技术等多个领域，常设展品数目400余件（套）。

重庆科技馆包括常设展览和临时展览，同时具备学术交流、科普报告、科技培训、科普影视放映、科普展品研制、青少年科技制作等内容和功能，是社会公众特别是广大青少年学习科学知识的殿堂，是传播科技文明和先进文化的重要场所。

重庆科技馆以“国际先进·国内一流·重庆特色”为目标，通过科教展览、科技培训、科学实验等形式和途径，面向公众开展科普教育活动。重庆科技馆将不断完善和拓展科技馆的功能体系建设，使重庆科技馆成为体验科学魅力的平台，启迪创新思想的殿堂，展示科技成就的窗口，开展科普教育的阵地。

重庆科技馆自2009年9月9日运行以来，现已成功接待党和国家领导人3名，截至2010年9月，累计接待游客120余万人次，举办各种主题科普活动50余次，放映科教电影千余场，总受益人数约30万人次。在科技馆人的努力下，于今年9月底成功申报为国家AAAA级旅游景区。

展厅规模

重庆科技馆共设生活科技、防灾科技、交通科技、国防科技、宇航科技和基础科学6个主题展厅和儿童科学乐园和工业之光2个专题展厅（工业之光展厅在建）。科技馆的展品广泛采用多媒体虚拟技术、机器人技术、声光电及数码影视技术等高科技手段，90%的展品都可以互动体验。

防灾科技展厅实现了中国首创的真正意义上的安全教育展示。防灾科技展厅位于科技馆A区三层，展示面积3898平方米，共有展品展项39件（套）。该厅以自然灾害为主题，结合重庆多发性自然灾害的特征，从学习灾害的科学知识，到最大限度利用建筑空间，生动地再现被火灾、泥石流及地震等破坏的城市受灾状况，以科学数据为基础，进行具有震撼力的灾害应对行动的体验。该展厅由重庆防灾、气象灾害、火灾展区、地震展区、安全知识展区、3D模拟体验器等支撑主题构成。

交通科技展厅集中展示重庆交通发展的飞跃和交通科技的创新。交通科技展厅位于科技馆A区三层，展示面积1259平方米，共有展品展项19件，以具有常有重庆特征的山水和人文环境为大背景，展示交通领域的科技内容，采用体验式、参与式为主的多样化展教方式，让参与者了解交通历史、交通工具、交通设施和未来交通等，激发参与者对交通科技的兴趣和为之奋斗的动力。该厅由交通体验、交通工具、交通设施、未来交通四个主题展区构成。

宇航科技展厅在大空间上的三层立体布局和垂直时空隧道等大型创新展品的设置成为国内同行称道的几大亮点。宇航科技展厅位于科技馆A区四层，展览面积3031平方米，共有展品展项40件。该展厅以“宇航之梦”为主题线索，展示人类对太空的认知，高新技术的一些新成果在宇航方面的应用，以及人类在太空探索方面的实践，并让公众了解前沿科技和各学科的交叉、融合，体现科技对物质世界的影响及对其影响程度的一种猜想展示。

以科技运用于军事，军事保卫和平的理念而单独设立的国防科技展厅，在全国科技馆中也是首次尝试。国防科技展厅位于科技馆A区三层，展示面积1061平方米，共有展品展项14件。该展厅是国内首个科技馆内独立介绍国防科技的展区，是国内独创地在科技馆内开展爱国主义教育基地、国防教育基地、宣传科技进步对维护世界和平、促进人类发展所起的重要作用，体现科学精神与人文精神、展示人类保护和平的过程。

特色影院

馆内设有1个4D动感影院和1个IMAX 3D巨幕影院，分别位于A区的二、三层。

4D影院共有60个座位，并配备了残疾人专用座位。影院采用四维特效系统及声光电等技术，配备了刮风、下雨、闪电、烟雾等特效设备，具有强烈的现场感和视觉冲击效果，带给观众完全不同的视觉体验。

IMAX 3D巨幕影院采用球形结构，巨幅银幕高16米，宽22米，直径达36.8米，可容纳278人同时欣赏影片。该影院以银幕巨大、图像清晰、精密度高、放映设备功率超强和六声道多喇叭音响系统为特点，让逼真的三维影像呼之欲出，使观众融入电影场景之中。

科普活动

重庆科技馆作为科普教育的基地，积极推进“教育培训”和“教育活动”两大项目，着力针对青少年科技思维、动手能力进行系统培养，开办专业科普培训班。同时，不定期举办科普讲座、趣味科学实验、科普报告会以及青少年科技竞赛、科技夏（冬）令营等科普教育活动。重庆科技馆精心打造的“科技·人文”大讲坛面向社会开展高端的公益科普学术报告，社会反响强烈。科普大篷车进社

2010年5月16日，重庆科技馆科普大篷车参加重庆第十届科技活动周开幕式

科技辅导员带着学员在展厅做实验

区、进校园等活动，使广大市民可以在家门口免费学习科学知识，感受科学的乐趣。2010年，重庆科技馆推出了原创的科普剧表演，至今已推出三个自编自演的科普剧，已成功表演上百场，赢得了公众的好评。

重庆科技馆还拥有多个专业会议场所。B区二楼的多功能厅可同时容纳600人，不仅可以举办科技论坛、学术报告、科技问题辩论会等科学文化交流活动，还可对外承接大型会议、讲座等活动。

场馆特色

聆听恐龙的呼唤——重庆科技馆大型恐龙展

◎ 建筑特色

重庆科技馆的建设融合了先进的科学技术。一是钢衍结构支撑屋顶。A区第四层面积约5931平方米，大气开阔。在如此开阔的展厅里却见不到一根支撑柱，这正是因为钢衍结构的使用，屋顶采用5毫米的轻质钢屋面，减轻了荷载的同时也让空间显得更为开阔。二是冰蓄冷系统。重庆科技馆外墙采用的石材加了保温隔热层材料，玻璃部分则采用的中空低辐射玻璃。此外，“冰蓄冷”制冷装置可在用电低峰时，用冰将能量储存起来，在用电高峰时释放储存的能量。夏季使用，作用就像空调一样，不仅制冷效果好，而且节能。三是多功能厅座椅。B区一层的多功能厅安装了西南最大的移动座椅。通过遥控，可在一分钟内把18排座椅收缩到会议室尾部，占地仅2米。

◎ 展教特色

经过一年多的努力，重庆科技馆保持了90%以上的展品运行率。科技馆辅导员的服务质量和水平得到了观众的认可，同时，员工们积极创新，面向公众推出了区域讲解、全程讲解服务等个性化的讲解路线，最大限度满足了观众的需求。此外，自编自演的科普剧不断推出，也赢得了观众和社会的好评。

◎ 科普特色

重庆科技馆以科普活动和科普教育培训为突破口，加强与大专院校及相关部门的合作，整合各种科普资源，打造科普教育活动品牌，开展形式多样的科普教育活动。经过一年多的探索，重庆科技馆现基本形成了科普培训、科普大篷车、科技人文大讲坛、科普赛事等几个常规性的科普教育活动项目，社会反响强烈，得到了公众的认可和好评。

基本信息

开放时间： 周二至周日　9:30～17:00（周一休馆国家法定节假日除外）

地　　址： 重庆市江北区江北城西大街7号　　**邮　　编：** 400024

咨询电话： 61863051

Chongqing Science and Technology Museum

Chongqing Science & Technology Museum is one of the ten key social and cultural infrastructure projects determined by Chongqing municipal Party committee and government. It is a grand, modern, comprehensive, and multi-functional venue opened to the public for the popularization of science education. It is a basic facility essential to the strategy of revitalizing Chongqing through science and education, and to the effort of improving the scientific and cultural awareness of the citizens. The museum is situated at the core of Jiangbeizui CBD of Chongqing at the confluence of the Jialing River and the Yangtze River. Its ground-breaking ceremony was held on January 7th, 2006, and its official construction got under way in October in the same year. On September 9th, 2009, the museum was unveiled and opened to the public. With a total investment of 567,000,000 RMB, the museum covers a land area of 37 acres and boasts a floor area of 45,300m^2.

The exterior decoration of the museum consists of stone and glass. The crisscrossed and overlapping stone material of different colors on the outer wall looks like hard rocks and acts as a metaphor of mountain. Meanwhile, the glass curtain wall, which accounts for 60% of all the outer wall and reaches nearly 10,000 m^2, is clear and transparent and therefore symbolic of water. The angular stone material and the transparent glass exactly manifest the characteristics of the riverside mountain city—Chongqing. The museum is made up of two zones. The highest part of Zone A is about 57metres high and the lowest about 24metres high. Seen from the sky, the museum looks like a gigantic fan-shaped crystal-line palace and takes on an air of grandness and brilliance.

The museum has 6 themed exhibition halls and a special hall called Science Park for Children. The themed halls are respectively labeled as Life & Science, Disaster Prevention, Transportation & Science, National Defense, Space Navigation, and Basic Science. The exhibits cover a wide range of fields such as material, machinery, transportation, war industry, aerospace, microelectronics, communication, computer appliance, virtual reality technology, bioscience, environmental science, basic science, and ancient Chinese science and technology. The number of permanent exhibits in the museum is more than 400 pieces or sets.

The museum offers both permanent and temporary exhibitions. Meanwhile, it is useful to academic exchange, scientific report, science-technology training, projection of videos for science popularization, research and development of scientific exhibits, and the scientific creation of adolescents. It is a temple of science learning for the public and the adolescents in particular. It is an important venue for the transmission of scientific and technological civilization and advanced culture.

Chongqing Science and Technology Museum aims to one of distinctive Chongqing flavor which is globally advanced and domestically top-grade. It helps to popularize science education among the public by offering them exhibitions of science education, science-technology training, and opportunities for scientific experiment. All the staff of the museum will never slacken their efforts to improve and extend the construction of its functional system, so as to make it a platform for the public to appreciate the charm of science, a temple to inspire innovative ideas, a showcase for scientific and technological achievements, and a field for science popularization.

Since Chongqing Science and Technology Museum was opened on September 9th, 2009, reception has been successfully arranged for 3 party and state leaders, to September, 2010, a total number of more than 120 million people became our tourists, more than 50 science activities with various topics were held, up to thousand science films were projected to public, the total number of film viewers is over 30 million. With the joint efforts of the whole museum staff, Chongqing Science and Technology Museum successfully applied for the state AAAA national-level tourist destinations at the end of September 2010.

Opening Time: 9:30-17:00 Tuesday - Sunday (Closed on MondaysExcluding National Holidays)

Address: No. 7, West Jiangbeicheng Street, Jiangbei District, Chongqing, 400024, P.R.china

Tele: 61863051

四川科技馆

场馆概述

四川科技馆是四川省实施“科教兴川”战略的基础设施，是四川省省委、省政府投入巨资兴建的大型科普公益设施，位于成都市中心天府广场，占地面积60000平方米，建筑面积41800平方米，是一座多学科、多角度、全方位、全景式的大型综合科普场所，于2006年11月2日正式向社会开放。

四川科技馆由原四川省展览馆改建而来，目前是全国科普教育基地、全国青少年科技教育基地和国家AAA级旅游景区，是西部重要省级科技馆之一。开馆4年来，共接待包括10多位党和国家领导人在内的近400万海内外观众，举办大型主题科普临展及活动260多场次，放映科教电影和天文节目4000多场。

四川科技馆外观图

展厅规模

四川科技馆常设展场面积25000平方米，一至四层设有4D影院、都江堰、二滩与九寨黄龙、航空航天、机器人、虚拟世界、信息社会、数学、青少年科技园、疯狂科学秀、机器人工作室等20个展区，共有展品600余件。展品集科学性、知识性、趣味性、参与性和艺术性于一体，借助声、

四川科技馆一层东内庭都江堰水利工程展项

光、电等现代化展示手段，生动形象地向公众普及科学技术知识。另外经省政府批准，四川科技馆从2008年6月1日起对义务教育阶段的学生和儿童实行免费开放。

四川古今科技人物长廊

自贡井盐古代钻采技术展项

特色影院

4D影院位于四川科技馆一层东厅，面积约300平方米，可一次性容纳观众60人。影院包括如下几个部分：投影机播放系统、4D座椅、SPECON控制器、环境特效。4D影院是美国Hytechnology公司设计开发的环幕4D影院系统。惊险、刺激的三维立体影片，逼真的特技效果以及特技效果与影片情节的完美结合，所有这一切将观众带到一个既真实又虚幻的世界。观众可全方位感受来自视觉、听觉、触觉带来的新鲜刺激。

科普活动

四川科技馆从2006年开馆之日起推出了内容丰富、形式新颖的科普表演系列活动；推行“以临展带动常展，保持均衡观众量”的科普展教方式，针对社会科学、文化、政治、经济等符合国家政策导向的热点大力举办科普临展，吸引了更多的社会公众到科技馆感受科学技术的魅力；常年举办“天府科普大讲堂”科普报告会；举办特色鲜明的寒暑假科普夏令营系列活动等。同时还通过出版科普书籍、开展科普特色旅游、进行网上数字科技馆科普宣传等多种形式向广大公众普及科学知识，收到了很好的效果。

另外四川科技馆突破实体场馆在空间上的限制，于2010年4月1日组建了流动科技馆科普宣传队（即“流动科技馆”），送科技下乡进校园、到社区，先后到绵阳市、德阳市、宜宾市、雅安市、达州市及大邑县等地市县开展了17次科普宣传活动，累计观众达11万余人次，深受社会公众的欢迎。

场馆特色

四川科技馆具有许多颇具四川特色的展品。都江堰水利工程是其中的佼佼者，它向观众展示了四川的古代先民卓越的治水成就，使观众深刻理解成都平原“天府之国”美誉的由来。自贡古代井盐钻采技术是反映四川古代科技成就的又一重点展品。展品以自贡古代钻采技术为主线，融知识性、科学性、趣味性于一体，展示了自贡盐井的基本面貌。以上两件展品弘扬了中华民族的传统科技文化，展示了古代四川劳动人民的聪明才智和首创精神。

四川科技馆还有二滩水电站模型、九寨和黄龙地质模型、大熊猫保护科普展、四川古今杰出科技人物、变脸机器人等具有四川地方特色的展品。这些展品的展示内容和表现形式受到省内外广大观众的喜爱和好评。

“天府科普大讲堂”科普讲座，目前已经举办了80多期专题讲座报告，主题完全贴近群众生活，如以高考学生饮食与健康，高血压防治，日全食，心理健康，甲型H1N1流感的预防措施以及以汶川地震一周年等为主题的科普活动深受社会公众欢迎。

发展历程

四川科技馆以科普教育为核心，向公众普及科学知识、传播科学思想和方法、展示科学技术成就，组织举办科普教育临时展览、科技交流、科技讲坛等相关科教活动，培育公众对科学技术的兴趣，弘扬科学精神、普及科学知识、传播科学思想、倡导科学方法、提高公众科学文化素质，为促进四川社会主义物质文明和精神文明建设服务。开馆以来，科技馆注重与国内外同行的交流，积极参加各种学术交流活动，虚心学习先进的科学教育理念，不断提高展教水平和管理水平，编写常设展览展教员操作手册，制定出一套行之有效的管理规章制度，培养出一支比较专业的展教辅导员队伍。

2010年5月30日，中央电视台新闻频道《共同关注》栏目以“寓教于乐　科技馆也能科学发展”为题，报道了四川科技馆在青少年科普宣传教育中的作用，对该馆“以临展带动常展、保持均衡观众量”的发展模式给予了充分肯定和赞许。

另外，科技馆近年来对展厅环境和陈旧展品进行更新改造，不断增加创新性展品。2009～2010年，相继改造扩建了“高压放电”、“二滩电站”、“都江堰”和“机械博览”等多处展区。从2009年开始，在省科协的高度重视下，进行了展品改造。通过改造，提升了整体展教能力，受到了广大公众的欢迎。

同时，在省科协领导的重视和支持下，四川科技馆在有关部门的支持下，正在对常设展厅、展品项目等进行更新改造，2010年10月已完成科技馆二期建设并纳入四川省“十二五”规划重点项目申报工作。

今后，四川科技馆将以“一流的展示形象、一流的服务态度、一流的展教效果”为追求目标，切实加强运行管理，不断地改善服务质量，努力提升服务水平，进一步做好科普教育工作，努力成为“全国一流、西部领先、四川特色”科技馆。

基本信息

地　　址：四川省成都市人民中路一段16号（天府广场北侧 原省展览馆）
邮政编码：610015
开放时间：09:30～16:30(周一闭馆，节假日照常开放)
观众服务电话：028-86609999
团队预约电话：028-86609998
传　　真：028-86609166/86633895
网　　址：www.scstm.com

Sichuan Science and Technology Museum

Located in Tianfu Square, the center of Chengdu, Sichuan Science and Technology Museum is a fundamental facility of "revitalizing Sichuan by science and education". It is a large non-profit science popularizing and multi-subjects museum, also an omnibearing museum in large amount of capitals by Sichuan Provincial Party Committee and Government .It covers an area of 60000 square meters. It was opened to the public.

Add: No.16,middle Rd. Renmin Lu. (north to Tianfu Square Formerly Sichuan Province Exhibition Hall)
Post code: 610015
Opening time: 9:30 a.m.-4:30 p.m. (daily, except Mondays)
Tel. for visitors: 028-86609166
Tel. for group: 028-86609998
Fax: 028-86609166/86633895
Web: http://www.scstm.com

贵州科技馆

场馆概述

贵州科技馆外观

贵州科技馆于2006年8月18日建成开馆，总投资9085万元，占地面积4480平方米，建筑面积14805平方米，共12层（其中地下2层，地面10层），主体建筑为螺旋收阶式造型。贵州科技馆的建成开馆，使经济社会发展相对落后的贵州有了一座现代化的科普场馆，也是贵州3900万各族人民的一件大喜事，人们纷纷亲临科技馆参观学习。目前在节假日，特别是长假期间，贵州科技馆仍然是广大市民休闲和学习科技知识的热点场所之一。

贵州科技馆建设和开馆以来，一直得到贵州省委、省政府和中国科协的高度重视和大力支持。2007年7月28日，中共中央政治局委员、中央书记处书记、中央宣传部部长刘云山；2009年6月7日，全国人大常委会副委员长、中国科协主席韩启德同志分别莅临贵州科技馆参观指导工作。开馆至今，共计接待观众达120余万人次，其中常设展厅接待观众近70余万人次，为提高全省人民的科学文化素质作出了积极的贡献。

展厅规模

贵州科技馆展厅面积为7040平方米，其中常设展厅4700平方米；临时展厅600平方米；培训教室640平方米；实验室600平方米；4D动感影院及同声传译学术报告厅500平方米，具有科普展览、科技培训、科学实验三大功能。贵州科技馆以“自然、智慧、未来”为主题进行布展设计，由天文地理、万物之灵、科学探索、黔贵大地、少儿科技乐园5大展区和14个支撑展区组成，共有397件（套）展品，充分体现了“认识自然，感悟智慧，探索科技”的布展思路和展线形式。

特色影院

贵州科技馆主体建筑上的球形建筑为4D动感影院，可同时容纳45人同时观影，采用的是深圳华强公司的FantaWild 4D影院放映系统，拥有6台投射式LCD投影机，180° 环幕，动感座椅，逼真的特技效果以及特技效果与影片情节的完美结合，所有这一切将观众带到一个既真实又虚幻的世界。

科普活动

“科普大篷车”走进苗乡

贵州科技馆开馆4年多来，贵州科技馆始终自觉地承担着科普场馆的社会责任并积极开展社会环保教育。在展厅，要求员工无论是接待单个观众或团队，都要做到热情周到、耐心服务。在全国科普日、科技周、教师节、重阳节等节日，科技馆都免费开放。同时，不定期的开展形式多样、内容丰富的科普活动，包括“制作工坊”、“思维挑战赛”、“科普剧表演”、“专题知识讲座”等以及举办大中型临展，以增强对观众的吸引力。另外，还组织实施“科技馆活动进校园”项目以及以“送科普进农村”为重点，开展科普大篷车三下乡等活动，在社会公众中反响强烈。

科学表演秀

场馆特色

贵州科技馆选择“主题馆”模式，强调以人为本的建馆理念，将设计的出发点定位在个体参观者的立场上，模拟个人视角，关注个体感受，以人类赖以生存的奇妙自然、人类不懈追求的无穷智慧、人类致力探索的神秘未来为主线，进行多层次、全方位的立体展教。

在做好常设展厅工作以及举办一些专题展览的同时，贵州科技馆还充分利用科普大篷车发挥“流动科技馆”作用，经常深入农村、城镇社区和学校开展科普教育活动。在这些科普活动中，贵州科技馆员工自编自演的科普剧独具特色，深受广大观众特别是中小学生欢迎。贵州科技馆的科普剧《绿色PARTY》、《未来SOS》分别于2008年、2009年在全国科普互动剧大赛中获一等奖。

发展历程

2006年8月18日，中国科协常务副主席、书记处第一书记邓楠同志视察贵州科技馆

2006年8月18日，贵州科技馆的落成，结束了贵州省无大型科普场馆的历史。开馆4年多来，在各级领导的关心、指导下，贵州科技馆先后被授予“全国科协系统先进集体”、“贵州省省直机关2006～2008年党建工作先进单位”、2010年被省委党建工作领导小组命名为省级“五好”基层党组织、“全省科普工作先进集体”等荣誉称号；先后被命名为全国科普教育基地、省级科普教育基地和环保教育基地，并成功举办了贵州省首届“科技馆杯电脑机器人大赛”，“中华人民共和国成立60周年科技成就图片展”及“首届贵州生态科技摄影展”等大中型展览；积极开展“科普大篷车联合行动”；在“首届全国科技辅导员大赛”中载誉而归。

近年来，贵州科技馆不断增强自身资源开发能力，申报的“贵州科技馆资源数字化条件平台建设”项目，于2009年获得省科技厅“贵州省科技基础条件平台专项”立项并给予资金支持。该项目将通过下发光盘或远程教育网络传输等方式，将数学化的科普资源送到全省中小学校，为全省广大青少年学生服务。目前，该项目进展顺利。另外，自2010年起分批对展区和部分展品进行更换，以达到常展常新的效果，更好地发挥科技馆作为科普阵地的作用。贵州科技馆将继续大胆探索、开拓创新，充分发挥科技馆的科普宣传教育功能，为提高贵州省各族人民的科学文化素质作出应有的贡献。

基本信息

地　　址：贵州省贵阳市南明区瑞金南路2号
邮　　编：550003
电　　话：0851-5835091
传　　真：0851-5835091
网　　址：http://www.gzstm.cn/
开馆时间：10:00～17:00（周一、二闭馆，节假日照常开放）
4D电影放映时间：11:00，11:30，13:30，14:00，14:30，15:00

Guizhou Science and Technology Museum

Guizhou Science and Technology Museum was built and opened on August 18th, 2006, and the total investment is RMB 90.85 million. It covers an area of 4, 480 square meters and an architectural area of 14 805 square meters with 12-storey high (two stories underground and ten stories above ground). The architecture of the museum is spiral decreasing-step mode. The completing of this museum is a great joyous event for peoples of all ethnic groups, and gives Guizhou, the economic and social development of which is relative backward, a modernized science popularization location. People arrive from all corners of the province to visit our museum. It is always one of the hot places for general public leisure and studying science and technology knowledge in holidays, especially during the long holidays.

Since the construction and opening of this museum, Provincial Committee, Provincial Government and China Association for Science and Technology keep giving it high attention and great support. Liu Yunshan, the Member of the Politburo of the CPC Central Committee, the Secretary of Secretariat of the CPC Central Committee and the Minister of Propaganda Department of the CPC Central Committee, came to visit and guide the work on July 28th, 2007. Han Qide, the Vice-Chairmen of Standing Committee of the National People's Congress and the Chairmen of China Association for Science and Technology came to visit and guide the work on June 7th, 2009. Up to now, our museum attracted more than 1.2 million visitors, including 700, 000 visitors received by main exhibition hall. It makes a positive contribution to raise the scientific and cultural qualities of Guizhou people.

Address: No.2 Rui Jin South Road, Nan Ming District, Guiyang City, Guizhou Province, 55002P. R. China.
Phone: 86-851-5835091
Fax: 86-851-5835091
Web: http://www.gzstm.cn
Opening time: 10:00-17:30 (Closed on Monday and Tuesday, except holidays)
4D Movie Time: 11:00, 11:30, 13:30, 14:00, 14:30, 15:00

陕西科技馆

场馆概述

陕西科技馆位于西安市新城广场东侧，始建于1982年，1987年建成开馆，建筑面积9770平方米，是改革开放后全国首批初建科技馆之一，其财政供应体制为差额补贴性质，主要工作为接待学术会议服务。1990年，转为自收自支体制，1998年，省政府对原馆大楼进行了装修改造，增加了1400平方米的常设科普展厅，并转为全额预算拨款单位，将陕西科技馆工作功能定位为科普展教、科技培训、科技交流、科技会馆，按此功能核定了事业编制70人，其中全额编制60人，自收自支编制10人，设置办公室、计财部、技术开发部、行政保卫部、展览部、培训部、发展联络部、接待服务中心8个部门。2003年9月，常设科普展厅对外开放。由于是在原馆基础上改造的，建筑面积和展厅面积等远不能满足社会经济不断发展的需要，为此，我们采取以"软"补"硬"的业务工作战略，坚持以科技馆为主阵地，以流动科技馆向全省辐射的工作思路，取得了很好的社会效果。

陕西科技馆

展厅规模

常设展厅面积1400平方米，分设在一到四层，有100多件科普展品，设有航天展区、电磁展区、数学展区、力学展区、多媒体展区，每周三到周日对外开放，对未成年人团体参观免费。展厅对外开放以来，零星更新展品15件，整批更新展品48件，计划2010年对其余展品也全部进行更新。为丰富观众参观内容，我们利用教室开设了科技动手园。针对小学生好奇、好玩的特点，开展身边的科学小实验，利用图板和辅导员讲解示范的形式组织小学生自己动手做科学小实验；针对中学生动手性强的特点，开展微型安全机床制作、模型拼装等活动，这些活动项目，成为常设展厅的延伸和补充。

临时展览

围绕社会热点和政府工作重点，举办各种临时展览，先后与中国酒泉卫星测控中心联办了“天路行舟”航天知识展览，配合陕西省每年一度的“科技之春”活动月，开展了“提高全民素质、促进科学发展”、“节能减排、低碳生活”等展览，针对学生假期，举办了“永远的达尔文”、“军事科技知识”等展览，平均每年举办两到三次影响较大的临时展览，还将部分展览到本省其他地市进行巡展，有效的拓展了科普展览空间。

讲座培训

利用科普报告厅功能聘请院士、教授开展科普讲座，与陕西省健康教育所联办全民健康大课堂，与西安市家电协会联办家用电器知识讲座，举办少儿绘画、英语速记等方面的培训班，每逢节假日有针对性的免费举办陶塑、剪纸等方面的手工制作培训，深受家长和小朋友的欢迎。

科普活动

每逢国家法定节假日、科普日、六一儿童节我们都要策划举办一些有特色的科普展览和科普活动，先后举办了西安市少儿才艺表演、迎端午自己动手做香包、包粽子、六一儿童节为5.12地震灾区义展捐款、建国60周年科技大事推选等活动；寒暑假前夕，和西安市科协、教育局联系，请其发文件倡导学生假期参加社会实践，参观科普场馆，撰写科普日记，并有针对性的举办一些适合青少年参与的科普展览和科普活动，先后举办了F1车模制作比赛、古典数学益智玩具展览、中国古代科技展览、西安市青少年小发明小制作获奖作品展览等，打造了陕西科技馆节假日重点活动品牌。

学生在用脚踏发电测试自己发出电来能带亮几个灯泡

科普大篷车经常开展科普下乡、进社区、进学校活动。为了丰富展出内容，我们在大篷车随车展品的基础上，增加了智力玩具拼装、发放科普宣传资料、科学表演剧、科普展板等内容，还购置了一辆小货车配合科普大篷车拉运展板、科学表演剧道具随行进行展出和演出，配合学校科技

科技动手园内小朋友在辅导员指导下自己动手做实验

“提高全民素质，促进科学发展”展览三月份在西安展出时，省委常委、省委宣传部长胡悦、省委组织部常务副部长张迈增、省科协党组书记常务副主席牟怀岐等领导参观展览

节和社会科普宣传活动进行展出，实施了陕西省科协和财政厅主办的“科普大篷车三秦行”等活动，与西安市远东一中、三十中、户县余下小学、富平县科协等学校、单位联建了十所科普活动基地、科普活动室（站）。

宣传交流

常设展厅开放以来，我们一直将宣传工作作为业务工作的一个重要组成部分，通过电视台、广播电台、报刊、网络等形式，及时宣传业务活动，扩大社会影响。每年定期邀请新闻单位相关领导来我馆召开新闻宣传工作座谈会，增加了解，增进友谊，增强合作；利用科普橱窗、简报简讯、内部宣传栏等形式及时宣传科普知识和本馆活动，制定宣传稿件奖励制度，对在报刊、杂志等媒体刊用的稿件进行奖励。近年来各新闻媒体每年对我馆活动报道都达200次以上，树立了良好的社会形象。

广泛开展工作交流，多次派员赴中国科技馆、四川、河北、山东、广东等省市科技馆进行学习交流，参加中国科技馆、重庆、贵州、湖北、宁夏等省、市科技馆的新馆开馆仪式，参加了中国自然博物馆协会举办全国科技馆辅导员大赛等活动和会议；加入了陕西省博物馆学会和其下属的宣教工作委员会，积极参与其组织的各种会议和活动，学习先进经验，促进科技馆事业发展。

基本信息

地　　址：西安市新城广场东南侧

开馆时间：每周三至周日 9:00～17:00，节假日正常开放

乘车线路：公交15，706，251，603，702，601路新城广场站

电　　话：029-87233494/87215521

Shaanxi Science and Technology Museum

Shaanxi Science and Technology Museum is located in the east of New Town Plaza of Xi'an city. It was founded in 1982 and opened in 1987 with building area of 9770 square meters. In September 2003, the permanent science exhibition was opened with an exhibition area of 1400 square meters with more than 100 science exhibits including the knowledge of space, electromagnetic, mathematics, mechanics and multimedia etc. It was open from Wednesdays to Sundays and close on Mondays and Tuesdays except public holidays. It was free of charge for group visits. Please call 029-87215521 for reservation.

Address: East of New Town Plaza of Xi'an city.
Opening time: 9:00-17:00 from Wednesday to Sunday, open on holiday.
Traffic: Bus No. 15、706、251、603、702、601 New Town Plaza stop.
Telephone: 029-87233494/87215521

青海科学技术馆

场馆概述

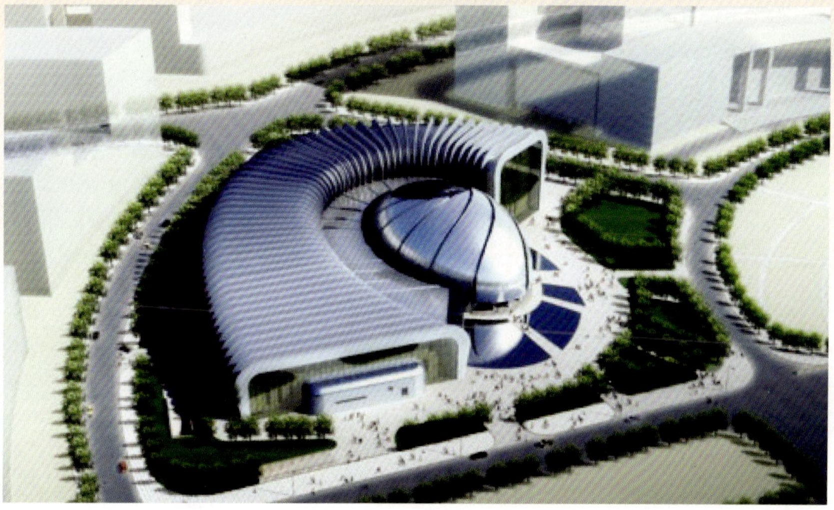

青海科学技术馆外观效果图

青海科学技术馆是青海省科学技术协会的直属事业单位，是普及科学知识，提高公众科学文化素养的大型社会科技教育基地。该馆始建于1984年9月，1987年底竣工，1988年2月9日正式对外开放，占地面积11771平方米，建筑面积8889.21平方米，年平均接待观众3万人次；2006年经省编委批准，省科技馆增挂省青少年科技活动中心牌子，并负责青海省青少年科技活动的组织与管理工作。2007年9月，青海科技馆新馆破土动工，新址位于西宁市海湖新区，建设总投资4.3亿元。占地面积约36700平方米,建筑面积33179平方米，主体外观如一个巨大的鹦鹉螺，明珠般的球形展厅坐落其上，新颖独特，宏伟大气。

展厅规模

可爱青海展厅效果图

青海科技馆新馆展厅建筑面积14000平方米，常设展厅面积约9000平方米，共四层，整体划分为序厅、可爱青海、能源与环境、古代科技、临时展厅、生命奥秘、科技与生活、人类智慧、少儿科技乐园、畅想未来10个部分，设置展品近300件（套），观众可动手参与的展品占80%以上；内容涉及基础学科、环境、生命、能源、交通、安全、信息、航空航天以及青海独特的自然环境、高原生态和社会经济发展中的重点科技内容。采用“主题展开式”设计方式，从时间的线索和自然进化的线索构成内容展示的故事线、知识链，从不同侧面表现“自然、人类、科技”的建馆主题。表现形式充分体现科技馆面向公众普及科学知识的特性，鼓励观众亲自动手，让观众在参与、互动过程中轻松愉快的探索科学的奥秘。

科技与生活展厅效果图

畅想未来展厅效果图

特色影院

新馆内设4D动感影院和小型球幕影院。

4D动感影院面积约280平方米，可容纳56名观众。放映系统采用GDP DCI–2000数字电影放映一体机。包括两台barco DP2000系列数字放映机、单台GDC SA2100数码影院放映服务器、英国Harkness专业金属银幕及其他辅助设备。完美实现立体视效，带给观众完全不同的视觉体验。

小型球幕影院面积约60平方米，可同时容纳12名观众。装备科视 DS+10K–M型投影机，以太空飞船为载体，结合三自由度液压动感平台，配以球幕显示系统、音响系统，使参观者在数字技术、虚拟展示技术以及仿真模拟技术的表现中真正体会到科技的力量所带来的艺术魅力，享受到现代化技术所带来的娱乐快感。

科普活动

青海科技馆常年举办各类主题展览和科普知识巡展活动。如“反对邪教　崇尚科学文明”、“青少年科技创新大赛作品展”、“科学发展观：人与自然和谐发展篇——大自然的警示与启示”、“世界奇妙昆虫科普展”、“探索自然奥秘 普及生物科学”、“建设节约型社会科普巡回展览”等展览以及在全省范围内开展的青少年预防艾滋病知识巡展活动；积极开展“大手拉小手青少年科技传播行动”，并以“科技活动周”和“科普日”等活动为契机，针对广大青少年开展一系列科普讲座、培训等丰富多彩的科技活动；自2001年起，开展中国科协与联合国儿童基金会非正规教育项目青海分项目工作；2002年开始，每年开展英特尔·求知计划项目，举办全省青少年科技创新大赛和机器人竞赛并选拔优秀选手和作品参加全国比赛；2004年成功举办“关注母亲河——从湟水开始”京、青、澳三地青少年科学考察活动；2005年又举办了“探秘盐湖——甘、青两省青少年科技考察活动”；2006年至今，多次开展青少年科学调查体验主题活动；2007年开始相继推出了内容丰富、形式新颖的科普表演系列活动；2009年，举办第九届中国青少年机器人竞赛。同年，与全国各省份科技馆同步启动资源共享网络视频平台、申请中国科协科普大篷车项目并配备到位。

场馆特色

“可爱青海”特色展厅从青藏高原在中国及世界上的特殊地理位置和自然环境切入，抓住“中华水塔”、“水源涵养地”和“生态屏障”三个方面，突出青藏高原的特点、影响及其在世界地理位置中的重要性，使公众认识可爱的青海，认识到青藏高原对全球尤其是中国内地的地貌、气候、生物等变化具有重要的作用和影响。该展厅面积1200平方米，是目前国内已建成省级馆中特色展厅规模较大的。

畅想未来展区与其他展区遥相呼应，首尾相连。在整个展厅的故事线中，公众通过认识自己的家园，认识人类自身，了解到科技在人类发展历程中的重要作用，科技发展对人类社会日益广泛和深远的影响。作为全部主题展厅的结尾，本展区为公众提供了一个想象、创造、勾勒自己心中理想家园的空间，在于引发公众对现状的思索，对自己未来家园的畅想。旨在激发公众对科学的兴趣，树立科学的观念，从而拓宽科技视野。

发展历程

青海科技馆自1987年建成开放20多年来，充分发挥科技馆的科普教育基地的作用。在提高全省公众的科技文化素质方面发挥了积极的作用。先后被科技部、中宣部、教育部、中国科协命名为“全国青少年科技教育基地”、“全国科普教育基地”、“全国青少年校外活动示范基地”、“小公民道德建设活动实践基地”；被青海省有关部门命名为“青海省科普教育基地”、“青海省小公民思想道德建设基地”等。2007年9月，根据青海省政府关于建设青海省新科技馆和文化艺术中心专题会议精神，该馆新馆建设工作全面展开，一个主题突出、功能齐全、具有国内先进水平的科技馆将于2010年底展现在观众面前。届时，青海科技馆新馆对增强青海科普能力建设，弘扬科学精神，普及科学知识，传播科学思想和科学方法，培养广大青少年和公众的创新精神和创新思维，提高公众科学素质，贯彻落实科技兴省、人才强省战略，实践科学发展观，构建社会主义和谐社会将发挥重要的作用。

基本信息

地　　址：青海省西宁市城西区新宁路22号
邮　　编：810008
电　　话：0971-4397429
传　　真：0971-6303234
网　　址：www.qhkjg.com

Qinghai Science and Technology Museum

Qinghai Science and Technology Museum is an institution directly under Qinghai Science and Technology Association. It is a large-scaled social science and technology base for popularizing science knowledge and improving public scientific culture attainment. The old part of the museum was opened in 1987 and the groundbreaking of new part took place in 2007 and it is hoped to open to the public by the end of 2010. The new museum is located at Haihu new district of Xining city, covering a total area of 3.67 square metres, the building area is 33,179 square meters, the exhibition floor area is 14,000 square meters and the permanent exhibition floor is about 9,000 square meters. The total investment is 430 million Yuan. The number of exhibits in permanent exhibition floor amounts to 300, Hands-on participation exhibits takes up more than 80% of all. Nature, Human and Science, the theme of museum, is expressed in a design approach of topic expansion following two clues, time and nature evolution. The new museum consists of 10 parts, namely, Introduction Hall, Lovely Qinghai, Energy and Environment, Ancient Science and Technology, Temporary Gallery, Mystery of Life, Life with Science and Technology, Human's wisdom, Science and Technology Paradise for Children, Imagination of Future.

Address: Xinning Road 22, Chengxi District, Xining, Qinghai province.
Phone: 0971-4397429
Fax: 0971-6303234
Web: http://www.qhkjg.com

宁夏科技馆

场馆概述

宁夏科技馆位于宁夏回族自治区银川市金凤区人民广场西街，是宁夏回族自治区成立50周年重点献礼项目，占地3.88万平方米，建筑面积29664平方米，总投资2.5亿元，2008年9月9日建成开放。外部造型上，飘逸流动的玻璃顶壳，象征连绵起伏的贺兰山脉；穹幕影院的玻璃球体和弧形展厅相对，象征着日月同辉；主展馆立面在水平线条划分的玻璃幕墙上，穿插石材墙面，表现建筑的力度。建筑分主展馆、穹幕影院和综合楼三个部分，其中综合楼面积为7445平方米，常设展厅共3层为16101平方米，设置序厅和11个主题展区，拥有展品、展项230个和4D、穹幕两个特效影院，并配有临时展厅、学术报告厅及科普商场、咖啡吧、游客餐厅、地下停车场等配套服务设施。开馆两年来，共接待社会各界公众30余万人。

宁夏科技馆外景

展厅规模

宁夏科技馆的常设展品集科学性、知识性、趣味性、参与性、艺术性于一体，借助声、光、电、计算机等现代化展示手段，生动形象地向公众普及科学技术知识。参观者在直接参与操作展品的过程中，通过视、听、触，亲身体验科学技术带来的乐趣，让人大开眼界，受益无穷。常设展厅围绕“自然·科技·人”的主题设置序厅和宇宙探秘、地球家园、走进海洋、生命奥秘、科技之光、智慧之门、科技运动场、军事天地、儿童科技乐园10个主题展区并有展品、展项230个，矿物、动物、植物、古生物标本1500余件。

常设展厅一层宇宙探秘展厅

特色影院

宁夏科技馆拥有4D和穹幕两个特效影院，穹幕影院可容纳105人，使用目前国际上最先进的美国ES公司数字化穹幕影院设备；4D影院可容纳40人，观众戴特制眼镜可观看特效三维立体电影。

科普活动

宁夏科技馆始终坚持科普展览教育的中心地位，充分发挥公益性、社会性职能作用。加强展品研发队伍建设，在维护好现有展品的基础上，根据观众需求，制作了“消防安全”展区。投入专项资金，制作了域名为“www.nxkjg.com”的网站，并建立了“数字科技馆”，集网上科技馆、科普知识、网上互动等功能于一体，实现科普知识资源共享。坚持在寒暑假和周末演出科普剧、科学小讲堂“空气的奥秘”、“神奇的莫比乌斯圈”及“美丽的泡泡”。在传统节日期间，科学小讲堂还结合节日特点编排相关主题活动，如在元宵节里“说民俗”，少年儿童亲手包元宵；端午节开展“粽香飘飘，情满五月”讲节气、说历史、包粽子主题活动等。在重大节日期间，开展四驱车挑战赛、模型制作挑战赛和牛顿小讲堂,给来馆参观的小朋友献上精神快餐，培养了孩子们的动手和动脑能力，受到家长的欢迎。

同时，宁夏科技馆还开展了丰富多彩的青少年科学普及活动。利用寒暑假时间，组织学生走进多媒体、机器人、模型制作等工作室，采取多媒体授课、互动式教学等方式，让学生亲自动手实践，锻炼和提高动手动脑及团队合作的能力。目前科技馆拟设多媒体、机器人、模型制作、生物、天文、模拟驾驶、儿童趣味实验室7个工作室。多媒体、机器人、模型制作、生物、天文5个工作室已建设完成，每年面向全区及周边中小学开展培训，已累计培训近2万人。模拟驾驶和儿童趣味实验室正在筹建中。科技馆每年还举办全区青少年科技创新大赛，评选出的优秀作品参加全国青少年科技创新大赛；举办宁夏青少年机器人竞赛，开展智能机器人基本技能比赛、FLL机器人工程挑战赛、VEX机器人工程挑战赛、2对2机器人足球比赛、机器人创意比赛和校园文化展。青少年科技活动的广泛开展，宣扬传播了先进的科学文化，培育了青少年学科学、爱科学和用科学的优良品质，被中国科协青少年科技中心表彰为“科技馆活动进校园优秀试点单位”。

青少年机器人竞赛(宁夏赛区)联赛活动现场

“欢天喜地闹元宵动手体验科技馆”活动现场

发展历程

宁夏科技馆新馆以其科学的决策，全新的创意，精心的建设，赢得了一片赞誉，被中国自然博物馆专家评定为“国内先进，中西部一流”，接受了各级领导和社会各界的检阅，向党和人民递交了一份合格的答卷，被表彰为“首届全国未成年人思想道德建设工作先进单位”，被确立为“全国科普教育基地”、“全国青少年科技教育基地”、“全国青少年健康成长基地”。

荣誉令人自豪，未来任重道远。宁夏科技馆将紧紧抓住历史机遇，以解放的新思想、发展的新思路、工作的新举措，进一步弘扬科学精神，普及科学知识，传播科学思想和方法，在建设社会主义和谐社会和提高全民科技素质的征程上奋勇前进，开创更加辉煌灿烂的明天。

基本信息

地　　址：宁夏银川市金凤区人民广场西街
邮　　编：750011
电　　话：0951-5085123
传　　真：0951-5085168
网　　址：www.nxkjg.com
公交线路：乘坐11，17，33，34，38，41，101，102，301路到人民广场站
开馆时间：9:00～17:00（入馆时间16:00）截止
售票时间：9:00～15:30（每周一、二闭馆，节假日照常开放）

Ningxia Science and Technology Museum

Ningxia Science and Technology Museum is located on southern section of the West Renmin square Street, beside People's Square in Jinfeng District. It occupies 3.88 hectares of ground and gives a total floor space of 29, 664 square meters and investment of RMB 250 million. Since its opening on September 9th, 2008, the Ningxia Science and Technology Museum has received more than 300 thousand visitors to prove itself to be an ideal and unique place for learning science.

The structure of Ningxia Science and Technology Museum includes the Exhibition Hall, the Dome Theater and the Administrative Building. The Exhibition Hall, with one floor underground and three floors on the ground, covers a permanent exhibition area of 16, 101 square meters. It houses over 200 exhibits that are divided into 11 display zones with the theme of "Nature • Technology • Mankind". The museum also has a 4D Theater, a Temporary Exhibition Hall, a Lecture Hall and a Laboratory Centre. Other ancillary facilities include a popular science shop, a cafeteria and a tourist restaurant.

The museum fulfills its mission through its collections, permanent and temporary exhibits, school programs, workshops and demonstrations, publications, conferences and lectures. In contrast to traditional museums, the museum encourages visitors to put their hands on, eyes on, ears on and minds on while they are operating the interactive exhibits.

The special role of the Ningxia Science and Technology Museum is to serve as a dynamic medium of science communication for the public and provide quality museum services in promoting public interest in science and modern technology. This is also a study cum recreation centre for incultivating a sense of inquiry and scientific temperament in the minds of the young and an important tourist attraction.

Address: West Renminguangchang Street, Jinfeng District, Yinchuan, Ningxia, 750011, P.R.China.
Tel: +86-951-5085123
Fax: +86-951-5085168
Website: www.nxkjg.com
Bus Route: Take bus 11, 17, 33, 34, 38, 41, 101, 102 or 301 and get off at People's Square (Ren Min Guang Chang) Station
Opening Hours: 9:00-17:00 (No admission after 16:00)
Ticket Box Office available: 9:00-15:30(Closed on Monday and Tuesday except for National Holidays)

新疆科学技术馆

场馆概述

在新疆维吾尔自治区党委、人民政府的高度重视下，2005年，对新疆科技馆进行改扩建，历时三年建设，2008年7月，一座集科普展教、学术交流和科技培训于一体，充分体现新疆科技文化特色，综合型、现代化新疆科技馆新馆建成开馆，并免费向公众开放。

新疆科学技术馆建成于1985年10月，位于乌鲁木齐市北京路与新医路交汇处，占地总面积13634.7平方米，建筑面积10119.5平方米。新疆科技馆新馆在旧馆基础上重新建设，建筑面积26602平方米。其中展厅建筑面积11117平方米，会议培训区建筑面积8609平方米，工程总投资1.2亿元。

新疆科学技术馆全景

展厅规模

改扩建后的新疆科技馆展厅位于主楼东侧，地上1～4层，展区建筑面积11117平方米，占总面积的42%，可用于展览的面积为5502平方米。第一层为综合性多功能临时展厅；第二层为科技引领时尚主题展厅，分为虚拟世界、设计师的摇篮、视听乐园、经典展品、儿童科技乐园和节能减排六个展区；第三层为人与自然和谐相处主题展厅，分为人体探秘和人与健康、水利、医疗卫生和通信科技四个展区；第四层为新疆特色产业主题展厅，分新疆石油、新疆测绘、新疆气象和新疆消防四个展区。

会议培训

新疆科技馆不仅具有良好的科普展教功能，同时也是自治区学术交流和科技培训的重要阵地。科技馆会议培训中心设有102间客房、20间多功能会议培训室、可容纳400人的学术报告厅以及四声道同声翻译、远程教育、网络化管理系统等配套硬件设施，将为广大科技工作者和社会公众提供一流的服务平台、学术交流平台和继续教育平台。

科普活动

科技馆与乐高、溢达集团共建的“电脑机器人科学工作室”

开馆以来，先后举办了“人与自然和谐发展——普及科学发展观”专题展、“新中国60年——乌鲁木齐城市建设成就展”、“中小科技馆科普巡展”、“幻影成像情景剧——神奇新疆”新疆成就展、“走进低碳生活”科普主题展，“彭加木生平事迹展”等；拓展了多项科普活动内容，开展了“科技馆活动进校园”系列科技活动，举办了电脑机器人、未来工程师、手工制作工艺等科技教师、科普志愿者和青少年业务培训班；常年组织青少年参加科技夏令营科学体验活动；并成立了科普剧组和科普实验小组，极大地丰富了科普教育内容；与相关部门和单位合作，开展新疆幼儿园学龄前儿童营养管理研讨会暨营养师职业生涯规划，EMBA培训班等高端课程，并充分利用各类重要纪念日开展系列科普宣传、讲座和培训活动。专门组织接待来自全疆各地宗教界人士、伊斯兰教经学院学生、偏远乡村的各族青少年、福利院儿

乌恰县巡展

伊斯兰经学院学生参观气象展厅

童、劳教人员等来科技馆免费参观学习，接受科学思想、科学方法、科学知识、科学技术及先进的科学文化和科学理念的教育活动。

目前，新疆科技馆已成为全国和自治区科普教育基地、自治区消防、气象、水利、卫生、石油、测绘、电信科普教育基地、自治区禁毒教育基地，同时也成为晨报小记者实习训练基地，新市区、沙区各中小学校及自治区党校学生科学教育实践基地。还与自治区党委统战部、自治区民宗委建立长效合作机制，长期为新疆各地宗教界人士提供系统的科学教育和培训活动。

科普展教进军营

场馆特色

新疆科技馆新馆建设理念是：以“资源、创新、实践”为主题，以提高公众科技素养为宗旨，以扩建展厅为主，创新思路、搭建平台，社会共同参与，努力凸显新疆特色，坚持以人为本，充分考虑科技馆服务对象的多样性，完善学术交流、科技培训服务配套设施，新疆科技馆新馆是一座环境高雅、建筑庄重明晰，主题特色鲜明，集科普展览、学术交流和科技培训及相关服务于一体的综合性科技场馆。

为充分体现新疆科技文化特色，2007年4月16日自治区人民政府第39次常务会议通过了《新疆科技馆捐赠办法》。募集反映新疆地域特色、全面展示新疆主导产业科技发展现状的高新技术展品。捐赠工作取得了突破性成果，得到自治区有关厅局、单位和社会各界的积极响应和大力支持，共有7个厅局11个单位参与共建，捐建金额超过2000万元，总使用面积达1900平方米。

新疆科技馆新馆展厅坚持以主题先行，地域特色鲜明，布展新颖别致为原则。在保证单个展区主题鲜明的同时，充分考虑各展厅之间、展区之间、展品之间的关联性，打破学科界线，以故事线、知识链和展览线串联综合布展，形成科学合理的参观游览故事线。儿童科技乐园以基础科学展品为主，所采购展品都是国内外成熟的精品。通过演示、参与、体验等丰富多彩的形式，使青少年在寓教于乐中感受科技的魅力。

基本信息

地　　址：新疆乌鲁木齐市新医路686号

联系电话：0991-6386066/6386099

传　　真：0991-6386066

开馆时间：夏季：10:30～17:30

冬季：11:00～17:30（周一、二闭馆，节假日照常开放）

交通路线：途经公共交通2，52，153，916，906，303，502，526，926，59路（科技馆站）

Xinjiang Science and Technology Museum

Xinjiang Science and Technology Museum was built in October 1985, located in the intersection of Beijing Road and Xinyi road of Urumqi City . The total covering area of this museum is 13634.7 square meters, and the floor area is 10119.5 square meters.

The Xinjiang Science and Technology Museum was rebuilt on the basis of the old construction. The total construction area is 26,602 square meters which the exhibition hall area is 11,117 square meters, meeting and training building area is 8609 square meters.The total investment of this project is 1.2 million yuan. The building idea of new Xinjiang Science and Technology Museum is : "resources, innovation, practice." Xinjiang Science and Technology Museum is an integrated science and technology venues,which has the elegant environment, clarity building, distinctive themes and features. It also includes science exhibitions, academic exchanges ,science and technology training services and so on.

The museum exhibition adhere to the theme first, regional distinct ,exhibit novel.Clear theme in the exhibition area is ensure, while fully taking into account correlation of different exhibition hall and exhibition area. While breaking the subject fields , the story line, the knowledge chain and exhibitions line as the main idea to assign the exhibits ,and forming a scientific and rational tour story line.

1. introduction of exhibition hall

The new exhibition hall is in the east of the main building which has 4 floor on the ground. The exhibition building aera is 11,117 square meters, which occupies 42% of the total area. The exhibition area used is 5502 square meters.The first floor is an integrated multi-functional temporary exhibition, the second floor's theme is science and technology leading the fashion, which is divided into the virtual world, designers of the cradle, audio-visual paradise, classic exhibits, children's science and technology park and energy savings of six exhibition. The third floor's theme is harmony between man and nature that is divided into human quest, human and health, water conservancy, communication technology four parts. the theme of the forth level is Xinjiang characteristic industry, which points of Xinjiang Petroleum, mapping and geography information, Xinjiang meteorology and Xinjiang fire control.

2. introduction of conference training center

There are 102 rooms,20 multi-function conference training room and 400 peoples' acdemic lecture hall with 4-channel simultaneous interpretation ,remote education, network management system in the science and technology conference training center. It will be provided the first-class service platform ,academic exchange platform and continuing education platform for the science and technology workers and the public.

Address: No.686 Xinyi road , Urumqi, Xinjiang, P.R.China.
Tel: 86-0991-6386099 Fax: 86-0991-6386066
Opening time: summer-time 10:30-17:30
wintertime 11:00-17:30(Closed on Monday and Tuesday except holidays)
Traffic routing: the bus No. belowed can get to here:
No.2, No.52, No.153, No.916, No.906,
No.303, No.502, No.526, No.926, No.59

丛书赞助单位

全景公司

与科技馆博物馆

一路同行

1 9 9 4 - 2 0 1 0

全景多媒体
world vision multimedia

地址：北京市中关村南大街甲6号铸诚大厦A座6层613A
电话：010-51581002/3/4/5/6
传真：010-51581005-801
邮编：100086
网址：www.wvm.cn

北京众邦展览有限公司
BEIJING ZHONGBANG EXHIBITION CO.,LTD.
北京众邦科普技术研究所
ZHONGBANG POPULAR SCIENCE & THCHNOLOGY

北京众邦创建于1990年。我们由最初的国内外展览会设计制作、商场专卖店、企业展厅设计制作发展至今日以博物馆、科技馆和专业主题馆项目总体策划、展陈内容规划、布展环境设计制作为主的专业公司。20年来我们走过了漫长的学习、实践、积累并充满激情的探索之路。

北京众邦长期以来关注着我国文化科普事业的发展,并积极地投入到自然科学博物馆的建设工作中。博物馆是提高全民科学文化素质的重要场所，如何通过我们的努力使之更好地发挥作用，是我们义不容辞的责任。我们始终将其视作一个事业来参与，因此我们以极大的热情投入其中。因为，只有尽我们最大的努力将其做好，才对得起政府对文化、科普事业的投资，对得起广大观众和业界对我们的信任。近10年我们参与了30多个自然科学类博物馆的建设及改扩建项目，许多优秀作品得到了专家和业界的认可和嘉奖。在这个过程中使我们积累了丰富的经验，为我们今后的工作打下了坚实的基础。

北京众邦为了不断提高完善自己、开拓视野，先后组织考查了30多个国家近300个博物馆、科技馆和专业主题馆。通过对这些场馆的考察调研、结合以往的实践经验，特别是根据我国的具体国情进行了深入地分析与研究，使我们在博物馆、科技馆建设的展览策划、功能定位、展陈规划、运作程序等方面逐步形成了自己的特点；并造就了一支日臻完善的策划、创意、设计和制作的专业团队，使我们具备了为客户提供更全面、更专业、更富创造性的综合服务能力。2006年我们组建成立了北京众邦科普研究所，以期在内容策划、理论研究方面取得更大突破。真诚的希望与业界同仁分享我们多年积累的经验与成果。通过与业界的密切合作，共同为我国文化科普事业奉献出更加精彩的作品。

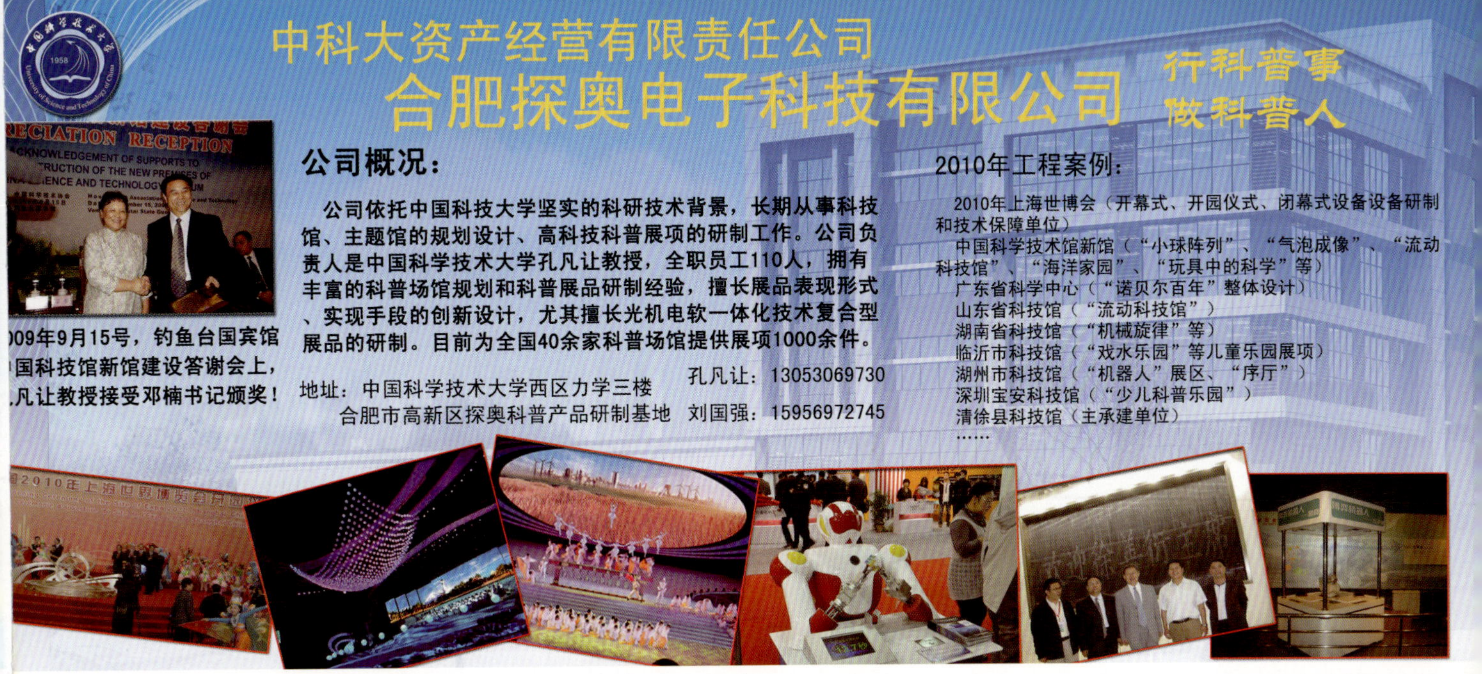
中科大资产经营有限责任公司
合肥探奥电子科技有限公司
行科普事
做科普人
公司概况：
公司依托中国科技大学坚实的科研技术背景，长期从事科技馆、主题馆的规划设计、高科技科普展项的研制工作。公司负责人是中国科学技术大学孔凡让教授，全职员工110人，拥有丰富的科普场馆规划和科普展品研制经验，擅长展品表现形式、实现手段的创新设计，尤其擅长光机电软一体化技术复合型展品的研制。目前为全国40余家科普场馆提供展项1000余件。
地址：中国科学技术大学西区力学三楼
合肥市高新区探奥科普产品研制基地
孔凡让：13053069730
刘国强：15956972745
009年9月15号，钓鱼台国宾馆
国科技馆新馆建设答谢会上，
凡让教授接受邓楠书记颁奖！
2010年工程案例：
2010年上海世博会（开幕式、开园仪式、闭幕式设备设备研制和技术保障单位）
中国科学技术馆新馆（“小球阵列”、“气泡成像”、“流动科技馆”、“海洋家园”、“玩具中的科学”等）
广东省科学中心（“诺贝尔百年”整体设计）
山东省科技馆（“流动科技馆”）
湖南省科技馆（“机械旋律”等）
临沂市科技馆（“戏水乐园”等儿童乐园展项）
湖州市科技馆（“机器人”展区、“序厅”）
深圳宝安科技馆（“少儿科普乐园”）
清徐县科技馆（主承建单位）
……

Crystal CG
致力于成为具有国际竞争力的视觉创意及综合应用解决方案专家
北京 2008 年奥运会图像设计服务供应商
北京 2008 年奥运会开(闭)幕式数字影像总承包商
上海 2010 年世博会指定多媒体设计服务商
深圳 2011 年大运会图像设计服务独家供应商
以及伦敦 2012 年奥运会数字图像服务供应商
水晶石
CRYSTAL CG

为您提供最佳解决方案
主题规划设计
创意设计
综合性主题项目的定制开发和生产安装
互动多媒体
提供VR项目
立体实拍
4D影院
定制特效影院
动感影院
球幕影院
360度环幕影院
三维动画
研制生产
安装调试
恒润科技
HIRAIN TECHNOLOGIES CORPORATION
Http://www.hirain.com.cn
北京朝阳区安苑路20号世纪兴源大厦19层 Tel:+8610-68813950 Fax:+8610-84897590
上海浦东新区浦东南路1088号中融国际商城1701室 Tel:+8621-68888202 Fax:+8621-58888204